Knowledge BASE 系列

一冊通曉 完整了解身體運作的原理

圖解 生理學 更新版

柯雅惠 著　王植賢 審訂

了解自身的生理狀態，
有助健康的維持及病症的覺察與預防

文◎王植賢 台大醫院外科部
專任主治醫師

解剖學研究「看得見的臟器」，生理學「看不見的功能」

解剖學（Anatomy）與生理學（Physiology），是現代醫學發展的兩大基石。解剖學研究的是器官的位置，因為大多是「看得見的臟器」，因此發展甚早，西元前一千五百年古埃及人所撰醫學教科書「Edwin Smith Papyrus」，裡面描述了心臟、血管、肝臟、脾臟等臟器的位置，是目前所發現最早的解剖教科書。然而相對於「看得見的臟器」，生理學所探討的，多是器官臟器裡「看不見的功能」，因此直到西元前四百年的「醫學之父」希波克拉底（Hippocrates），才開始對器官構造與功能間的關係有所討論。西元二世紀的蓋倫（Galen），才開始以實驗的方式證明器官的功能。而以「生理學」一詞描述此一研究器官功能的學問，則是由十六世紀法國醫師費南爾（Jean Fernel）所命名。

很多人以為，外科醫師不過就是拿著一把刀和一把持針器，每天對著人體內發生病變或破損的器官切、割、縫、綁。所以外科醫師對於身體的解剖位置熟稔，但對於器官功能的理解，不若內科醫師般透徹。這樣錯誤的認知，不但普遍存在於一般人的心理，甚至有些醫學院學生也有這樣的想法。然而，真實的情況卻是，一位好的外科醫師，不但對於身體構造的解剖位置必須熟悉到如自家的廚房，對於器官功能，更必須要充分了解與研究。因為外科手術不單單只是要切除病變器官，更必須要恢復器官系統

的正常運作，讓人體重新回到「恆定」狀態。

以恢復正常生理為目標，病症診治才能周全

還記得在我仍是醫學生的時候，一位外科老教授在課堂上告訴我們：「一位不懂解剖學與生理學的外科醫師，不若就是屠夫。」他解釋，因為好的屠夫如庖丁，解牛時亦是根據熟悉的解剖位置，下刀才能俐落。而一位外科醫師，當然更不能只知道如何切除器官組織，更重要的是了解每個器官背後的生理功能與意義，外科醫師每一台手術，最終的目標是要讓人體的功能正常運作。

當時仍是醫學生的我，對於這番話，仍無法完全明白背後其實蘊藏著知易行難的道理。一直到我進入了台大醫院外科接受住院醫師訓練，才終於從每位老師的言教與身教，體會當時老教授的那番話。原來，切、割、縫、綁不過只是手術技巧，只要接受一定訓練，不難達到標準。每一位指導過我的台大外科老師都承認，要切除病灶其實不難，每一台手術，真正花費時間的，往往都是在閃避正常的組織，保留正常的器官，重建器官的功能。真正好的外科醫師，要將病灶切除徹底，要靠對解剖學的熟悉，而又必須保留器官的功能，這就必須仰賴對於生理學的認識。

也正因為深知生理學的重要，在我完成台大醫院心臟血管外科住院醫師六年訓練，升任主治醫師後，決定報考台大生理學研究所，重新拾回書本，進入實驗室開始基礎生理學研究。

了解正常的生理運作，才能知道什麼是不正常

於二○一三年上半年，當時我仍在美國進修期間接到本書作者的來電，告訴我她正準備撰寫一本生理學的科普讀物時，我便給予了她萬分的鼓勵。

由於這本書所設定的閱讀群為一般大眾，非專業生物醫學相關人士。因此作者在用字遣詞中主要以一般大眾能了解的語法，而非專業論文的論述語句，讓讀者更容易理解、減低學習上的障礙。其中，書中有許多以生活上的常識來當做佐例，希望能更貼近生活。而用簡單的圖例，來代替教科書中攏長的敘述與繁瑣的表格，讓讀者可以不至於吃力地消化文字，而改以「右腦圖像」思考，加強閱讀後的記憶，希望能以極簡的篇幅，讓一般大眾讀者在短時間內便能了解人體生理學的精華。

　　坊間一般科普醫學書籍大多從「疾病」出發，討論的話題多是如何治療「不正常」或「已生病」的器官系統。然而真正要了解自己的身體，探索生命科學的奧祕，還是必須從「正常」的器官系統功能開始，唯有知道什麼是「正常」，才能看出何謂「不正常」。而作者所撰寫的這本生理學科普讀物，便是讓讀者大眾了解人體正常的功能，從中明瞭各個細胞、組織、器官、系統間養分的代謝與訊息的傳遞，人體內的酵素催化、激素調節與保護機制。期望讀者從了解自己身體的運作開始，從而知道如何保護自己、預防疾病與維持健康。

序章 認識生理學

Chapter 1 生命的基本單位 —— 細胞

Chapter 2 神經系統與感官世界

Chapter 3 肌肉收縮與反射

Chapter 4 循環系統

Chapter 5 呼吸系統

Chapter 6 內分泌系統

Chapter 7 消化系統

Chapter 8 腎臟與泌尿系統

Chapter 9 生殖系統

認識生理學

生理學描述的是從一顆受精卵開始發育成胎兒，經由母體孕育後出生、成長茁壯，繼而再孕育出下一代直至老死為止，整個生命過程中必須經歷的生殖、生長、代謝及行為感應等各種生命現象的原理，不僅是了解生命運作、維持健康的基礎，也是醫學的基本知識之一。

生理學是基礎醫學的根本

生理學是研究人體生命現象的科學，從一個細胞探究至整個人體，解開人體生殖、生長、代謝及感應功能等既複雜又精妙的運作方式，藉此維持健康。

◎ 生理學在研究什麼

生理學是研究生物體從生命開始至結束，如何不斷表現出生殖、生長、代謝及感應等現象的一門學問。探討人為何可以藉由生殖作用來繁衍後代，又藉由哪些器官組織、激素等達到生殖的目的？人如何從嬰兒逐漸發育生長成為成熟的個體？人體內的物質如何吸收或排除，以及轉化為可供利用的物質、或將不需要的物質排除的種種代謝過程；此外，還要了解人如何能感受環境變化，做出因應生存的合宜反應或動作，例如天冷身體會發抖產熱等。

這些生命現象都必須靠人體內外的組織系統相互協調運作才能達成，並且維持人體處於一個不生病的健康狀態。

此外，生理和心理是相互影響的。看到香噴噴的麵包時，我們會感到飢腸轆轆，透過生理學也能幫助我們了解，「思考」和「感受」是由身體的哪些器官組織運作所形成的。

◎ 為什麼要懂生理學

人體生理能順利運作不僅需要各個器官或系統之間相互協調，更細微至細胞間、細胞本身的運作，都會影響生理的狀態。例如長期膽固醇攝取過量，會使供給心臟細胞養分的血管冠狀動脈狹窄，心臟細胞便無法獲得充足的養分及氧氣，心臟幫浦的收縮功能變差，造成整體血液循環運送失調。

透過生理學，我們能了解身體的這些生理功能，包括發生機制、條件以及人體的內外環境中各種變化對這些功能的影響，從而掌握各種生理變化的規則與原理，在飲食上選擇維持身體健康所需的，足量補充；了解疾病的成因，提前預防或根據所知的生理原理尋求治療之道。

生理學在研究什麼

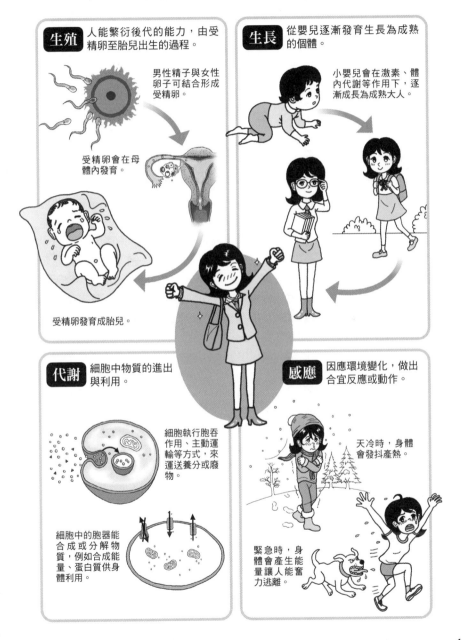

生殖 人能繁衍後代的能力，由受精卵至胎兒出生的過程。

男性精子與女性卵子可結合形成受精卵。

受精卵會在母體內發育。

受精卵發育成胎兒。

生長 從嬰兒逐漸發育生長為成熟的個體。

小嬰兒會在激素、體內代謝等作用下，逐漸成長為成熟大人。

代謝 細胞中物質的進出與利用。

細胞執行胞吞作用、主動運輸等方式，來運送養分或廢物。

細胞中的胞器能合成或分解物質，例如合成能量、蛋白質供身體利用。

感應 因應環境變化，做出合宜反應或動作。

天冷時，身體會發抖產熱。

緊急時，身體會產生能量讓人能奮力逃離。

維持人體生理的五項基本原理

細胞是形成人體最基本的構造,在人體的不同部位有著不同型態功能的細胞。人體的生理運作都是由細胞進行物質交換,產生代謝作用,擴展至組織、器官各系統之間的交互作用,達成整體生理機制。

◎ 人體的基本架構

　　人體是由多種物質組成的複雜結構,「細胞」是組成人體結構的基本單位,人體吸收養分、代謝廢物、執行動作等各項生理作用都必須從細胞開始運作。

　　人體不同部位有不同的細胞型態,分別執行著不同功能,例如肌肉細胞較為細長,具有收縮的功能;神經細胞具有許多突起的神經纖維,能傳遞神經訊息。而構造機能相似的細胞聚集一起便形成了「組織」,讓人能執行某些特定的生理功能,例如一群可收縮與放鬆的肌肉細胞,可讓達成整塊肌肉組織活動。這些組織再共同組成「器官」, 讓某些特定的運作能在一空間內執行,例如:心臟具有可收縮的肌肉組織、可傳遞神經訊息的神經組織以及血液等,共同協助心臟幫浦將血液藉由收縮送往各部位器官。幾個功能相近的器官集合形成系統,例如消化系統具有胃、小腸、大腸、肝臟及胰臟,這些器官都可以分泌消化液,消化食物。人體即是在各種系統分工合作、相互協調下表現出生命現象。

◎ 人體運作的五項基本原理

　　人的一切活動由細胞開始運作,進而牽引相關組織、器官及系統的活動。而維持人體生理的運作方式可歸納出幾個基本原理:(一)營養進,廢物出:人體需要能量、激素、酵素等物質,因此必須不斷攝取食物來補充,而身體代謝利用養分後產生的二氧化碳、尿素等廢物也會由呼吸及排尿排出;(二)以電性傳遞訊息:控制人體活動的大腦、脊髓等都是由電流來傳遞指令,才能引起肌肉收縮、激素分泌等生理作用;(三)酵素催化反應:細胞內養分分解及激素的合成等各種代謝反應,都需要酵素的催化才能形成;(四)由激素調節生理:人體會透過內分泌器官、腺體分泌激素,調節生長(如生長激素)、生殖(如催產素)、代謝(如甲狀腺素)等生命現象;(五)保護力:人體具有免疫防護機制例如皮膚、免疫細胞的抵禦等,保護人體免病菌入侵危害。

人體的組成與運作原理

人體的組成

細胞	組織	器官	系統	人體
例 表皮細胞、神經細胞、肌肉細胞…	例 上皮組織、肌肉組織、血液…	例 腎臟、心臟、食道.胃.腸.膀胱.鼻.氣管.肺	例 消化系統、循環系統、呼吸系統、生殖系統…	

組成 →

組成 →

組成 →

組成 →

↓ 運作原理

1.營養進，廢物出
人體需補充可供能量的營養，且將不需要的排出體外。

2.以電性傳遞訊
大腦、脊髓等都是透過電流來傳遞訊息，以引起反應。

例
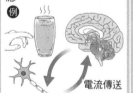
電流傳送

3.酵素催化反應
細胞內養分分解及激素合成等代謝都需要酵素幫忙。

例
分解代謝

4.激素調節生理
人體會藉由內分泌調節生長、生殖等生命現象。

例
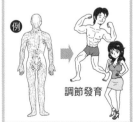
調節發育

5.保護力
人體具有防護機制，保護人體免受病菌入侵危害。

例
免疫細胞的防禦作用

體溫和體內物質須穩定一範圍

人體能透過體內組織器官的相互協調，讓體溫及體內的水分、離子、養分、廢物等物質濃度都維持在一定範圍內，以穩定體內能量製造、電性傳遞及酵素反應等各種維持生命所需的生理作用。

◎ 什麼是恆定？

　　人生存於變化多端環境中，身體必須維持一定的體溫等，以免隨環境而變動，又加上人會不斷補充食物、吸入氧氣等，都會讓體內環境不斷變化，若無法保持穩定，過多或缺乏，都將危害正常的生理運作。因此無論是醣類等養分分子、鈉鉀鈣等礦物離子、水分、酵素、激素或體溫等，在體內都必須維持於一個穩定不易變動的狀態，才可使體內的生理作用在一個有消有長的動態平衡環境下穩定進行，這即是所謂的生理恆定。

◎ 身體如何維持恆定

　　人體的恆定狀態有賴人體內器官系統的協調聯繫來維持，以人體最基本的體溫恆定來看，人體體溫需維持在37℃左右，一旦體溫無法維持時，將導致身體內許多調節代謝作用的酵素失去活性，而影響代謝作用無法正常進行，嚴重者可能導致人體失溫或過熱中暑死亡。因此體內可透過體溫感知中樞位於神經系統內的下視丘，一旦環境中的溫度有變化將刺激下視丘發布命令給循環系統的血管，使之收縮或放鬆、泌尿系統使腎臟調節排尿量，且下視丘還可控制食慾調節熱量攝取，利用這些機制來調節體表處於不易散熱或易散熱狀態，藉而調節體溫符合環境變化。

　　人體細胞內水分和離子透過滲透、擴散等物質交換機制，在體內維持濃度的恆定，以維持細胞外型與正常機能。為維持腦部正常運作，主要的能量來源葡萄糖也必須維持恆定，例如當血液中葡萄糖過多時，體內會分泌胰島素將過多的血糖送入肌肉細胞儲存，或轉化成能量供代謝使用，而使血糖濃度回到正常範圍內，需要時，就能源源不絕地供應葡萄糖給腦部。此外，當人體內有某一物質太多時，體內便會產生抵抗行為——負回饋機制，抑制分泌的源頭，將其拉回正常範圍，例如甲狀腺素分泌太多時，人體就會透過負回饋機制抑制上游腦下垂體分泌甲狀腺刺激素，而減低甲狀腺再分泌甲狀腺素，穩定其分泌量。

生理恆定的基本概念

維持恆定的調節機制
- 透過血液傳送物質。
- 細胞間透過擴散、滲透等物質的交換機制。
- 細胞將物質代謝。
- 負回饋機制。

調節至一定範圍

體內需維持恆定的因子
- 體溫。
- 葡萄糖、蛋白質等營養分子。
- 水。
- 鈉、鉀、鈣、氯等離子。
- 尿素、二氧化碳等廢物。

夏天炎熱
外界高溫超過體溫
例如 環境溫度約39℃

冬天寒流來襲
外界溫度低於體溫
例如 環境溫度約10℃

刺激 　　　刺激

下視丘體溫感知中樞

啟動許多器官系統
相互調節作用

循環系統 →
- 血管放鬆,流經皮膚的血流增加。
- 增加排汗。
- 喝水增加,增加排尿。
- 食慾減退,減少熱量攝取。

← 外分泌腺體分泌汗液

泌尿系統 →
- 血管收縮,減少皮膚散熱。
- 減少排汗。
- 身體發抖增加體熱。
- 食慾大增,增加熱量攝取。

← 神經系統

內分泌腺體分泌激素 　　　消化系統

維持體溫為37℃

生理學的範疇

從不同視角認識身體的運作

研究人體組成和運作的生理學，一般可從細胞、器官系統以及整體協調這三個層面來探究，以了解生理學最終即是在研究各種人體生理功能之間如何彼此相互聯繫、相互制約的完整而協調的過程。

○ 人體生理學的三大研究範疇

人體生理既複雜又細微，加上人會受生存的環境影響，因此科學家們會從幾個不同的角度（即不同的研究範疇），來探討人體的生理運作是如何形成且維持人的生命現象。

一是從組成人體的基本構造—細胞與分子間產生的生理機制，為主要研究範圍，稱為「細胞生理學」。以人體內的每一器官所展現出的功能都與組成該器官的細胞生理特性有關，例如肌肉的功能和肌細胞的生理特性都是和肌肉收縮運動有關，又加上細胞的生理特性取決於構成細胞的各種胞器或細胞膜上蛋白質的物理化學特性，例如心臟之所以能搏動，是由於心肌細胞中含有特殊的離子通道蛋白，在離子濃度的變化下發生變化，從而發生興奮性動作電位而收縮或舒張；從微觀細胞環境來了解人體的生理運作。

二是從人體內各器官和系統的功能來認識生理的運作，因此稱為「器官和系統生理學」，可切分如腎臟生理學、心臟生理學及泌尿系統生理學等。著重於體內的器官和系統具有哪些功能、如何引起活動，並且會受到哪些因素的控制，因此就如要研究由心血管組成的血液循環系統，就必須同時對心臟、血管和循環系統等相關的器官系統進行觀察，以聚焦於釐清其一切生理活動。

三則是把人體當做一個整體來看，稱為「人體生理學」，包括探究各組織器官、各式系統間的互動，如何讓人能進行呼吸、說話、消化食物、運動等，以及人體受環境影響，從而適應的過程和機制。例如人能呼吸，除了鼻腔、氣管及肺等呼吸系統內器官相互運作協調外，位於腦幹的神經細胞尚可依照體內二氧化碳濃度的多寡，調節著呼吸的深度與頻率；藉由消化系統從攝取的食物中獲得養分後，仍須藉由血液循環系統將養分運送至其他需要養分的器官細胞；生殖系統的發育須受內分泌系統，透過分泌激素來調節，使其成熟或維持懷孕等狀態，達到生殖的目的。

生理學的領域範疇

細胞生理學

研究重點：細胞的組成和進出細胞的分子交互作用的過程。

例如 細胞利用擴散作用獲得養分、排除廢物。

器官系統生理學

研究重點：著重於體內器官與系統如何運作，以及受到哪些因素的控制。

器官生理學

例如 腎臟生理學

研究腎臟過濾血液形成尿液，並將尿素及多餘的離子溶於尿液中由尿道排出體外等機制。

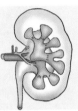

系統生理學

例如 消化系統生理學

研究食物由口進入，一路經過的消化道，及經由哪些消化液分解，最後達成吸收，並將食物殘渣以糞便排出。

人體生理學

研究重點：人體內各器官、系統以及人體與環境間的相互聯繫和影響。

器官、系統的互動

例如 人能呼吸是透過呼吸系統內各器官的運作與協調來達成。

人體與環境的互動

例如 內分泌系統分泌激素來幫助調整時差，適應日夜作息。

從巨觀個體至微觀細胞或分子

生理學是屬於具有實驗性質的一門實證科學，近代約從十七世紀開始發展，剛開始的研究方式與動物解剖相關，現代隨著生物科技發展，生理學的研究也走向更微小的分子世界。

◎ 多項實驗結果奠定生理學發展的基礎

以實驗為主要研究方法的近代生理學開始於十七世紀。一六二八年英國醫生哈維首次以實驗證明了人的血液循環路徑。接著，在一六六一年義大利組織學家馬爾皮基應用顯微鏡發現毛細血管，解開了人體內血液循環的全部路徑，確立了循環生理的基本規律。

法國哲學家笛卡兒首先將「反射」概念應用在生理學實驗上，為神經系統的研究開闢了道路。到了十八世紀，法國化學家拉瓦錫發現呼吸過程和燃燒一樣，都要消耗氧和產生二氧化碳，從而為代謝生理學奠定了基礎；義大利物理學家伽伐尼也發現動物肌肉收縮時能產生電流，於是展開電生理研究領域。

◎ 生理學快速發展，讓研究成果更為豐碩

十九世紀，生理學開始進入全盛時期，科學家們更加投入生理學研究。例如法國著名生理學家貝爾納，透過一連串科學驗證的方式，提出血漿和其他細胞外液是全身細胞生活的環境，此環境的理化因素如溫度、酸鹼度和滲透壓等的恆定是保持生命活動的必要條件；俄國著名的生理學家巴甫洛夫證明了胃液分泌的調節既有體液機制又有神經機制，提出著名的條件反射，而德國的路德維希創造了「生理記錄器」，成為長期以來生理學實驗室的必備儀器；德國的物理學家和生理學家亥姆霍茲提出視覺和聽覺的產生機制外，還創造了測量神經傳導速度的方法。

二十世紀前半期，生理學研究在各個領域都取得了豐富的成果。例如一九〇三年英國謝靈頓對脊髓反射的規律進行研究，為神經生理學奠定鞏固的基礎。美國坎農在一九二九年進一步發展貝爾納的理論，認為體內環境之所以能保持恆定，主要有賴於自主神經系統和某些內分泌激素的負回饋調節。二〇〇三年因完成人體基因解碼，生理學研究也開始走入分子生理學的領域，對生理現象的解釋從巨觀個體的觀察，縮小到分子如何與細胞核遺傳物質DNA上的基因交互作用。

生理學研究的演進

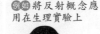

十七世紀

以實驗來證明人體的生理現象，開啟近代生理學研究。

例如 解開體內血液循環的全部路徑。

哈維

確立了循環生理的基本規律。

例如 將反射概念應用在生理實驗上

笛卡兒

開闢神經系統研究之路。

十八世紀

開啟細胞生理研究。

例如 發現呼吸過程要消耗氧和產生二氧化碳。

拉瓦錫

開啟細胞代謝生理研究。

例如 發現動物肌肉收縮時能產生電流。

伽伐尼

開啟細胞電生理研究。

十九世紀

生理學研究的全盛時期。

例如 提出物質在體內環境需維持恆定。

貝爾納

例如 證明胃液分泌的調節既有體液機制又有神經機制。

巴甫洛夫

例如 創造了生理記錄器，成為生理學實驗室的必備儀器。

例如 提出視覺和聽覺的產生機制，創造測量神經傳導速度的方法。

路德維希　　亥姆霍茲

二十世紀

人類基因解碼及先進研究儀器發展，使生理研究更多元。

例如 研究脊髓反射的規律。

謝靈頓

奠定、鞏固神經生理學的基礎。

例如 提出恆定主要仰賴自主神經和某些激素的負回饋調節。

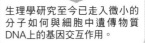

坎農

生理學研究至今已走入微小的分子如何與細胞中遺傳物質DNA上的基因交互作用。

幹細胞為修復生理缺陷帶來希望

　　人體由一顆受精卵展開生命的旅程，這顆受精卵不斷地進行細胞分裂，形成囊胚，在不斷的發育過程中，經由基因的完美調控，分化產生不同功能及型態的成體細胞如肌肉細胞、神經細胞等，而漸漸出現人體的雛形，有手腳、內部器官及五官，接著出生。

　　這個孕育過程在一九六○年代以前，人們一直相信是條無法迴轉的路徑。直到一九六二年，英國科學家約翰戈登將成蛙小腸上皮細胞（已分化的成體細胞）的細胞核取出，注射到沒有細胞核的青蛙卵裡，居然可以發育出完整的青蛙。到一九九七年，科學家利用相同的概念成功複製出桃莉羊。這說明了已經分化的成體細胞確實保存了完整的基因資訊，只要在適當的環境中，將這些控制分化的基因再次啟動，細胞便能扮演像受精卵般的角色，分化出任何其他細胞。這不僅顛覆了以往人類的認知，也開啟再生醫學的研究。

　　再生醫學利用可分化為任何其他細胞的幹細胞，取代人體中壞死的細胞，回復正常細胞功能，例如以修復神經細胞治療阿茲海默症、骨髓移植治療白血病等。

　　人體幹細胞的來源有二：一種是具有最高分化能力、可分化出各種細胞的囊胚細胞（胚胎幹細胞）；另一種是分化能力差的成體幹細胞，如骨髓幹細胞和臍帶血幹細胞。不過囊胚細胞（胚胎幹細胞）因由受精卵而來，若要利用它來治療等於將犧牲一條寶貴生命，目前基於法律與道德是無法取得的。而成體幹細胞則可經由捐贈與基因配對來治療病患，如白血病、癱瘓者神經修復或肝炎等疾病，但受贈者所產生的排斥現象是此法的治療困境。改善之道是患者最好取用自己的幹細胞，可減低排斥現象，但成體幹細胞的分化能力差，使得應用上仍是一大挑戰。

　　二○○六年日本京都大學的山中伸彌教授成功實驗出把幹細胞逆分化成如囊胚細胞般、可分化為各種細胞的技術。不過這項實驗目前還有許多困難要解決，例如如何調控分化的基因、應用在人類細胞上會不會有癌化的問題等。山中伸彌教授與約翰戈登教授率先打破了細胞分化過程不可逆的觀點，使再生醫學再創新的里程碑，並在二○一二年獲得諾貝爾生理醫學獎。

Chapter 1

生命的基本單位
——細胞

細胞是人體的最基本結構單位，一個細胞就相當於一個人體的縮影，能展現出吸收、代謝、運輸及溝通等，人體即是由億萬個外型多樣、組成大致相同的細胞堆疊、拼整而成。而人體能消化食物、吸收養分、排除廢物，以及肢體能自在活動、大腦能靈活思考等，都必須由細胞來執行，才能牽動整個組織器官，甚至是系統的運作。因此細胞是研究人體生理學的第一個步驟。

細胞是分工精細的小工廠

人體從外表的皮膚、毛髮到內部的器官、血管都是由細胞組成。這些細胞的內部構造大多相同，僅在型態上有些差異。人體透過這些細胞不間斷地進行著代謝、生長與細胞間相互協調等功能，維繫正常的生理機能。

◎細胞膜決定養分的吸收

細胞是組成人體構造與運作生理功能的基本單位，雖然各部位的細胞形態各不相同，但人體的細胞主要均由三個部分：細胞膜、細胞核及細胞質組成。細胞膜構成細胞的外圍，具有隔絕與管控物質進出細胞的作用。由於細胞膜是由兩層油性脂肪酸交織而成，因此由脂肪酸組成的親脂性物質及小分子氣體如氧氣、二氧化碳可利用油脂相容原理，自由通透進出細胞；親水性的物質例如米飯、肉類消化後產生的葡萄糖及胺基酸則無法直接通過。不過，細胞膜表面有許多特殊蛋白質分子，其中有的會在細胞膜上形成通道，讓重要的親水性物質能出入細胞；有的蛋白質分子負責偵測細胞表面上的外來物訊息，來決定細胞膜是否打開門戶讓物質進入。這些特性都讓細胞膜有了像海關一般管控進出物質的功能。

◎細胞的控制中心

由細胞膜包裹的細胞內部則主要含括了細胞核與細胞質。細胞核浸潤於細胞質中，為細胞內最重要的控制中心，能決定細胞的壽命及每個細胞所執行的功能，核外有類似組成細胞膜成分的細胞核膜保護。細胞核內含有遺傳物質DNA，DNA就像是細胞核這個控制中心的開關，利用不同開關開啟細胞內部的運作，對外讓細胞展現不同型態與功能。

◎細胞質裡各司其責的胞器

細胞除了細胞膜及細胞核之外所剩的物質，稱為細胞質，其中大部分是水，細胞所需的營養及產生的廢物都溶於其中，也包括了浸潤其中、用來製造營養、維持細胞功能的幾種特殊構造，例如可儲存養分的液胞、用來生產製造蛋白質的核醣體、高基氏體、負責將細胞核送出的物質轉運至細胞質中的內質網、裝載已合成的蛋白質並運往細胞外的分泌小泡，及內含有消化酵素、能溶解廢棄物質的溶小體等。此外，還有細胞能量工廠——粒線體，可把營養物質轉為細胞活動的能源，其健全與否關係著細胞的壽命。而包括細胞核，這些在細胞質中的特殊構造統稱為「胞器」。

細胞的構造

細胞膜

是細胞最外圍的構造,具有調節物質進出細胞的作用,及偵測細胞表面訊息及與鄰近細胞連結附著的功能。

細胞質

分為胞器與包圍在胞器周圍的液體稱為胞液。

胞器包括有:

❶ 高基氏體
修飾由粗糙內質網製成的蛋白質,並分類送往分泌小泡。

❷ 粒線體
具有內外兩層構造的胞器,為細胞的能量工廠,能合成細胞能量ATP分子。

❸ 內質網
與細胞核相連,負責運送自細胞核送出的物質。分有具有核醣體的「粗糙內質網」及不具核醣體的「平滑內質網」。

❹ 分泌小泡
將細胞製作好的蛋白質,運送出細胞的構造。

核醣體
位於粗糙內質網上,與蛋白質合成有關。

溶小體
內含有消化酵素,可分解細菌及受損傷無法正常運作的胞器。

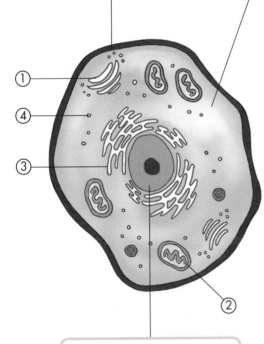

細胞核

是細胞內最大的胞器。核外有核膜保護,核內有遺傳物質DNA,主要負責儲存並傳遞遺傳訊息至子代細胞。

人體細胞有多種樣貌

人體內的細胞可分為兩大類：體細胞與生殖細胞。其中擔負生殖功能的生殖細胞只有精子與卵子兩種；除此之外的細胞皆為體細胞，且其依執行保護或傳達訊息等不同功能，而呈現扁平或有許多分支等不同型態。

人體細胞分為兩大類

　　人體的細胞可分為體細胞與生殖細胞兩類。體細胞占身體細胞的多數，除了男性的精子與女性的卵子為生殖細胞外，其餘均屬體細胞。兩者差別主要在於細胞核內遺傳物質（染色體）的數量（參見P202、P204）和細胞型態，生殖細胞的染色體為體細胞的一半。細胞有一定的壽命，會老化死亡後重新再生，但細胞的壽命依不同的生理功能而有差異，屬於體細胞的腸黏膜細胞約有3～5天的壽命，肝細胞約500天，而神經細胞約有數年之久。體細胞會利用「細胞分裂」，以將一個細胞分裂成兩個細胞的方式來進行汰換更新；而生殖細胞則是利用將細胞核內遺傳物質的量減半的「減數分裂」產生，精子成熟後壽命約2～3天，卵子則約1～2天。人體內所有的細胞平均2.4年會更新代換一次。

細胞的型態及功能

　　人體細胞平均直徑約10～20微米，最大的是成熟的卵細胞，最小是血小板，依生理功能不同，而有許多不同的型態樣貌。體細胞的型態相當多元，如：呈圓形、可自由移動，以便循流全身、進行防禦的紅血球、白血球細胞；呈扁平排列、分裂更新速度快且具保護功能的上（表）皮細胞；具有許多突起纖維負責傳遞訊息的神經細胞；細胞呈細長狀具收縮協助個體運動的肌肉細胞。生殖細胞只有兩種型態：精子為男性生殖細胞，外型似一小蝌蚪，具有尾巴，可擺動；卵子為女性的生殖細胞，男性精子會進入女性輸卵管後與卵子結合，形成生命的雛形——受精卵。

生殖細胞內的遺傳物質為何少一半？

生殖細胞細胞核內遺傳物質的量減半，目的在確保精子與卵子結合受精後，產生新生命個體細胞內遺傳物質的量能保持恆定。即人體細胞內的遺傳物質，一半來自爸爸一半來自媽媽，才能維持23對染色體數目的恆定。因此在形成生殖細胞精子與卵子時，生殖細胞會行「減數分裂」，將其中的遺傳物質先減少為一半，是人類孕育下一代時必行的過程。

人體細胞的分類與型態

人體細胞

體細胞

除了生殖細胞外的細胞。

染色體數目	23對，46條。
細胞生成方式	細胞分裂。
壽命	依生理功能而有不同： 腸黏膜細胞：3～5天。 肝細胞：500天。 神經細胞：數年。

型態

血球細胞
圓形、可自由移動

表皮黏膜細胞
扁平排列

神經細胞
有許多突起纖維

肌肉細胞
細長狀

腺體細胞
圓形、分有有管線及無管線型態

生殖細胞

男性的精子、女性的卵子。

染色體數目	不成對，23條。
細胞生成方式	減數分裂。
壽命	精子：男性體內28天。 射精進入女性子宮後2～3天，陰道內<1天。 卵子：排卵後12～36小時。

型態

精子
由睪丸製造，細胞具鞭毛，能幫助移動。

卵子
由卵巢製造，能和精子結合形成受精卵。
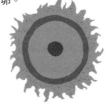

ATP是細胞採用的能量形式

汽車需要燃油才能發動，而身體的細胞需要何種物質才能發動細胞去執行特定的功能呢？答案就是ATP。它是由細胞能量工廠粒線體將身體吸收來的葡萄糖、脂肪酸及胺基酸分解，並經由一連串細胞化學作用形成的。

◎ 什麼是ATP？

ATP的全名是腺核苷三磷酸，是由含氮鹼基-腺嘌呤、核醣、和三個磷酸根所組成的分子。其中與產生能量有關的結構，是使磷酸根相互連接的「高能磷酸鍵」。人體內，每莫耳ATP所含的每一個高能磷酸鍵，約可產生12,000卡的能量，因高能磷酸鍵的鍵結非常不穩定，一旦斷裂就會釋出能量。所以當細胞內進行許多反應需要能量時，高能磷酸鍵連續斷裂大量釋出能量，此時有三個磷酸根的ATP會斷開一個磷酸根形成只有兩磷酸根的ADP（腺核苷二磷酸），以供應細胞進行合成反應或肌肉收縮時所需。

反之，當細胞內的ATP耗盡時，細胞會再使ADP與磷酸根重新組合，合成ATP，此兩過程在細胞內會不斷反覆發生，且更新時間只需幾分鐘，以便使細胞有無盡的能源ATP可用。

◎ 細胞如何運用ATP

能量ATP就像給了細胞「力氣」，使細胞能進行三項主要的功能：①許多物質要進出細胞時，必須藉由消耗ATP，使細胞有了能量和力氣，能推送物質進出細胞。這些物質多半是無法直接穿過細胞膜的成分如鈉、鉀、鈣、鎂等金屬陽離子；磷酸根、氯離子等非金屬的陰離子；或是尿酸等有機物質。②消耗ATP來合成身體所需的物質，例如：合成蛋白質時必須將數千個組成蛋白質小單位的胺基酸以胜肽鍵連接，而每個胜肽鍵的形成則需要打斷四個高能磷酸鍵的能量，才具足夠的力氣連結鍵結，因此一個蛋白質的合成往往需消耗數千個ATP能量。某些處於生長期的細胞，為持續合成新的物質，甚至會耗用掉細胞內近75%的ATP。③提供特殊細胞執行機械性做功時所需的能量。例如：體內的肌肉細胞、心臟肌肉細胞，需消耗ATP，產生能量來執行收縮的功能。另外，血液中的白血球細胞藉由阿米巴變形運動，穿透血管到達受感染的組織；以及腸黏膜、鼻黏膜、輸卵管內纖毛的擺動都需要仰賴消耗ATP，來提供這些細胞運動的能量。

ATP如何供給能量

磷酸 ── 磷酸 鍵結，儲能

少了一個磷酸的ADP再與一個磷酸分子鍵結後，即形成含有三個磷酸分子的ATP。

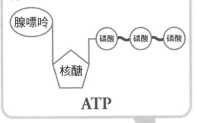

腺嘌呤

核醣

ATP

打斷ATP上一個高能磷酸鍵後，即少了一個磷酸，變成ADP。

腺嘌呤

核醣

ADP

打斷高能磷酸鍵

鍵結斷裂，能量釋出

供給能量

①提供物質通過細胞膜所需的能量。

例如 利用主動運輸，消耗能量，運送鈉、鉀離子等進出細胞。

②提供合成身體所需的物質時需消耗的能量。

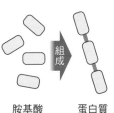

組成

胺基酸
分子　　　蛋白質

例如 需消耗能量，才能將胺基酸分子組合成蛋白質酵素。

③提供特殊細胞執行機械性做功時的能量。

例如 肌肉收縮、心臟收縮時，均需要消耗ATP，才能達成。

細胞的能量②
細胞如何生產能量

人體內超過95%細胞所需的ATP能量是在粒線體中生成，因此粒線體常被稱為「細胞的能量工廠」。細胞會藉由「呼吸作用」將其吸收的養分轉化形成ATP，以供應生理運作足夠的能量。

● 細胞呼吸作用的目的

在人體細胞的粒線體中，能將細胞內的小分子養分如葡萄糖、胺基酸、脂肪酸氧化分解，產生能量ATP。過程中需要氧氣及酵素幫助，將養分變成能量ATP形式與廢物二氧化碳，此過程類似人類的呼吸，吸入氧氣，排出二氧化碳，因此稱為細胞的呼吸作用。此作用視氧氣存在與否，決定產出能量的多寡，有氧時，能產出較多的ATP，稱為有氧呼吸作用，一般狀況之下細胞都進行這個作用；無氧時，例如細胞短暫缺氧，只能行無氧呼吸作用，如短跑等激烈運動，肌肉中的氧氣易耗盡，細胞才會進行此作用，僅產出少量的ATP。

● 細胞呼吸的流程

細胞呼吸作用是透過轉化細胞內的小分子養分，來產生細胞可用的能量分子ATP，以葡萄糖的有氧呼吸為例，整個過程可大致分成三部分：①於細胞質中，將一個由六個碳原子組成的葡萄糖分子，藉由酵素作用切半形成兩個由三個碳原子組合成的丙酮酸分子；此過程稱為「糖解作用」。②丙酮酸會再經由脫羧作用，將丙酮酸中的羧基脫去，形成由兩個碳原子組成的分子乙醯輔酶A及釋放二氧化碳，接著乙醯輔酶A進入粒線體，進行克列伯循環，經由循環中數個氧化還原步驟，將這些小分子養分中所含的能量轉移到還原性氫離子上，以形成高能分子——還原型菸鹼醯胺腺嘌呤二核苷酸（NADH）、及還原型黃素腺嘌呤二核苷酸（$FADH_2$）。③於粒線體中，經由電子傳遞鏈的執行，將這兩個高能分子上的「氫」，氧化生成「水」，釋放原本貯存在NADH及$FADH_2$中的能量，而產出大量的ATP分子，此即達成將養分分子中的能量轉成細胞可用的能量形式。

無氧呼吸就以體內肌肉在激烈運動如短跑產生乳酸堆積為例，是肌肉細胞將葡萄糖經醣解作用形成各二分子的ATP及丙酮酸，接著丙酮酸與NADH高能分子上的「氫」作用而形成乳酸鹽堆積，造成肌肉痠痛。無氧呼吸的ATP產值不高，且同時生成讓肌肉痠痛的乳酸，乳酸堆積過多對細胞功能也會造成傷害，因此有氧呼吸仍是人體獲取能量最佳的機制。

細胞呼吸作用的流程

狀態1　有氧時，細胞行有氧呼吸

例如 在氧氣足夠的情形下，細胞會將人體所攝入的養分如米飯等澱粉物中的葡萄糖分子，以「有氧呼吸」的方式轉化出能量。

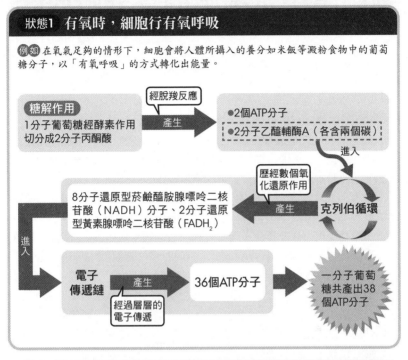

狀態2　無氧時，細胞行無氧呼吸

例如 當激烈運動，肌肉中的氧氣易耗盡，此時為持續提供能量，細胞便透過「無氧呼吸」來產能。

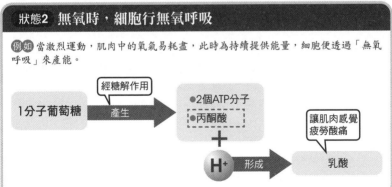

細胞膜構造

細胞膜決定細胞的養分吸收

細胞膜是分隔細胞內外的介面,能對出入細胞的物質具有選擇性。細胞膜上有許多蛋白質組成的大型分子,有的是做為通道用,有的則是像傳令兵,能傳遞來自另一個細胞的訊息,所以身體每一個細胞都具有物質交換和信息傳遞的重要功能。

◎ 細胞膜的基本構造與重要性

細胞外層的細胞膜厚度約7.5～10奈米,為很薄且具有彈性的構造。其組成成分為:55%蛋白質、25%磷脂質、13%膽固醇、3%醣類及4%其他脂質,因此基本上是由磷脂質與蛋白質所組成。

一九七二年,美國科學家辛格及尼克森將細胞膜結構訂定為一個流體鑲嵌模型,說明了細胞膜是以雙層的磷脂質分子排列形成,構成膜的基質。而其中每一磷脂質分子均具有磷酸根的親水性頭端、和具有脂肪的疏水性尾端,頭端均向外,尾端則兩兩相接埋於細胞膜中間,而使細胞內外表層呈親水性,能與細胞內外的水溶液接觸。膜中間因為疏水端的脂質層,因此一些水溶性的分子如離子、葡萄糖、尿素等無法輕易通過。相反的,一些脂溶性的分子如膽固醇、脂溶性維生素及小分子氣體如氧氣、二氧化碳即可自由進出細胞膜。因具此重要特性,使得細胞膜如同能篩選進出細胞的物質,而具有選擇性。

◎ 細胞膜上運輸及傳遞訊息的蛋白質構造

細胞膜上有許多大型的蛋白質構造,這些蛋白質多數會黏接一些醣類,屬於醣蛋白。這些醣蛋白在細胞膜上具有兩種型態:①整體蛋白:貫穿整個細胞膜;②周邊蛋白:只附著在細胞膜的一側,不穿透膜。整體蛋白的主要功能為:③構成通道,幫助水溶性分子進出細胞膜;④形成轉運蛋白;⑤扮演胜肽類激素如胰島素的接受器,一旦兩者結合後,會與細胞質中的蛋白質產生交互作用,藉此便能將細胞外的訊息傳遞至細胞內。而周邊蛋白則通常附著在整體蛋白上,能幫助催化多種作用的進行如物質交換和信息傳遞等酵素所扮演的功能,且周邊蛋白像是遙控器開關一般,物質一旦銜接上,在酵素作用下,便可促使整體蛋白打開通道,因此是物質穿過細胞膜的控制器。另外,還有些周邊蛋白能做為細胞表面的抗原,供抗體辨識,人體即透過抗體對特定細胞表面抗原產生反應,而引起免疫反應。

細胞膜的構造

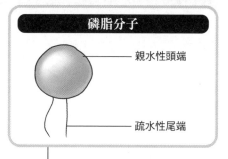

磷脂分子

親水性頭端

疏水性尾端

細胞外液

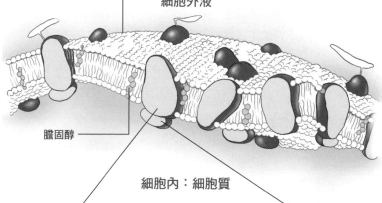

膽固醇

細胞內：細胞質

整體蛋白

穿透整個細胞膜的蛋白質。

功能

① 構成通道，幫助水溶性分子進出細胞膜，如：離子通道。
② 形成轉運蛋白，運送某些無法穿透脂質雙層的物質進出細胞。
③ 扮演胜肽類激素的接受器，一旦兩者結合後，會與細胞質內蛋白質產生交互作用，藉此可傳遞細胞外的訊息至細胞內。

周邊蛋白

只附著在膜的一側表面而不穿透細胞膜的蛋白質。

功能

① 附著在整體蛋白上，具有酶的作用，幫助催化物質交換和信息傳遞的各種作用，為物質穿過細胞膜的控制器。
② 形成細胞表面抗原，協助引發免疫反應。

利用「擴散」就能進出細胞

因細胞膜的結構特性，使細胞內外的養分、廢物、氣體及訊息分子等進出細胞的方式也各不相同，主要分有三種，其中被動運輸是一種細胞不需消耗能量，直接穿過磷脂雙層或膜上通道，就能運送物質出入細胞的方式。

◎ 不需耗能的被動運輸

在人體內的各項物質從小分子的物質如氣體、到消化吸收後的營養物質如脂肪酸、胺基酸、葡萄糖及帶電離子（鈉、鉀離子）等都能不耗費能量地直接或間接地穿過細胞膜的脂質雙層，進出細胞。這樣簡單的移動方式稱做「被動運輸」，物質移動是因為單純的擴散原理——物質會由高濃度處往低濃度處移動，直到細胞膜兩側的物質分子數量趨近相等，換言之，就是讓物質在細胞膜內外兩側呈現均勻分布、濃度相同為止。舉例來說，就像是在水中滴入一滴墨汁，不需加熱，過不久後墨汁便會向四方散開，均勻分布。而「擴散」作用是被動運輸最基本的形式。

◎ 兩種不同形式的被動運輸

經由呼吸進入人體的氣體、或是消化飲食中的脂質成為脂溶性小分子的脂肪酸，都可直接通過屬性相同、由磷脂雙層組成的細胞膜，來進出細胞。但若擴散的物質為帶電的離子，如電解質，因帶有電荷不易直接穿過細胞膜，則會經由貫穿於細胞膜的蛋白質分子所形成的通道來進出細胞，此種供離子進出細胞的通道特稱為「離子通道」。人體細胞中含量最多的有鈉離子通道、鉀離子通道以及鈣離子通道，而這些通道開啟與否都會影響離子的進出，因此能管控離子進出細胞。

此外，自醣類、蛋白質食物中消化分解而來的葡萄糖及胺基酸在被動運輸時，則需仰賴載體的幫忙，這些載體主要是位於細胞膜上的「轉運蛋白」。以運送葡萄糖進入細胞為例，葡萄糖可與細胞膜上轉運蛋白碰觸後，使轉運蛋白的結構發生化學性改變，轉運蛋白會向細胞外側打開開口，使葡萄糖能進入蛋白體內。接著，蛋白本身與葡萄糖的結合力會減弱，因此而鬆開蛋白結構，鬆開的結構就像形成一個朝向細胞內側的開口，使裡頭的葡萄糖順勢由轉運蛋白上釋出至細胞內，而達成運送的目的。此種需要載體協助的被動運輸方式，則稱為「促進型擴散」。但因人體細胞中細胞膜上的轉運蛋白數量有限，因此可透過此法運送的物質其實是相當有限的。

被動運輸的方式

被動運輸

氣體、脂肪酸、胺基酸、葡萄糖及帶電離子(鈉、鉀離子) 等小分子物質，會順著濃度變化，自高濃度處往低濃度處移動，不需消耗能量就能進出細胞的方式。

例如 細胞外的溶質濃度高於細胞內，物質便會從細胞外進入細胞中。

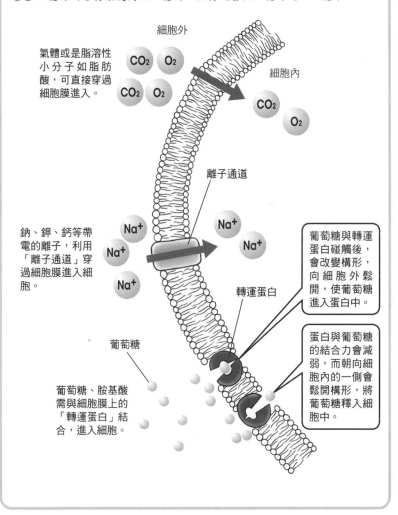

細胞外

氣體或是脂溶性小分子如脂肪酸，可直接穿過細胞膜進入。

CO_2　O_2

CO_2　O_2

細胞內

CO_2

O_2

離子通道

鈉、鉀、鈣等帶電的離子，利用「離子通道」穿過細胞膜進入細胞。

Na^+

Na^+

Na^+

Na^+

Na^+

Na^+

轉運蛋白

葡萄糖與轉運蛋白碰觸後，會改變構形，向細胞外鬆開，使葡萄糖進入蛋白中。

蛋白與葡萄糖的結合力會減弱，而朝向細胞內的一側會鬆開構形，將葡萄糖釋入細胞中。

葡萄糖

葡萄糖、胺基酸需與細胞膜上的「轉運蛋白」結合，進入細胞。

「能量」推動物質進出細胞

相對於被動運輸，主動運輸是需要消耗能量，才能違反擴散原理，將物質由低濃度處運往高濃度處，協助形成細胞內外分子濃度的差異，使細胞得以達成產生細胞膜電位、傳遞電訊號、吸收營養物質與排除廢物等。

◎ 主動運輸是體內生理運作必要的機制

　　隨濃度變化，人體內的物質可自然擴散進出細胞，並且持續使細胞內外的物質濃度趨向平衡，但是對某些細胞像是發號施令及傳遞訊息的神經細胞、負責吸收營養物質的腸道細胞、以及排泄廢物的腎臟細胞來說，其特有的生理功能必須仰賴不平衡的濃度狀態才能達成，得違反自然擴散原理，將物質自低濃度處往高濃度處運送，使細胞內外能維持不平衡的物質濃度，此過程中需要消耗能量，才能將物質逆著順流方向移動。這種必須耗能才能運送物質的方式，稱為「主動運輸」。

　　主動運輸需利用細胞膜上的幫浦蛋白來進行，這些幫浦蛋白帶有「水解ATP酵素」，可水解ATP釋出能量，而能量就如提供幫浦運轉的電力，讓它們就像抽水馬達幫浦一樣，會不斷地消耗能量將帶有電荷的離子抽入或抽出細胞。以神經細胞為例，細胞膜上的鈉鉀離子幫浦能主動運輸二個鉀離子進入細胞內及三個鈉離子運出細胞外，使細胞內外的離子濃度與電荷數產生差異，電荷發生變化，以調節細胞所需的電性環境，而能傳遞訊號。另外，腸胃道細胞及腎臟細胞也常利用主動運輸方式，維持細胞內外離子濃度與電荷數的不平衡，才能促進擴散作用持續運行，讓營養分子或代謝廢物透過擴散進出細胞而吸收或排除。

◎ 主動運輸會協同被動運輸達成營養的吸收

　　在主動運輸的持續運作下，細胞內外所建立的離子濃度與電荷數差異，能促使被動運輸的持續運轉，而順勢將其他物質一併攜入或攜出細胞，此機制稱為「次級主動運輸」。例如腸道細胞要吸收葡萄糖時，常利用鈉鉀幫浦，消耗ATP，主動運輸鈉離子至細胞外，先建立出細胞內外鈉離子濃度的差異，以使轉運蛋白開始順著濃度梯度（高濃度處→低濃度處）運送鈉離子進入細胞內，而藉此同時順勢將葡萄糖一起拉進細胞，來達到吸收的目的。此種同一方向運送物質的方式特稱為「同向運輸」。反之，若鈉離子要進入細胞內的同時，也可能會反向推送，像反作用力一般，將細胞內的物質丟（送）出細胞，此種方式則特稱為「逆向運輸」。

主動運輸的方式

主動運輸

透過消耗ATP能量來運送物質進出細胞的方式。

例如 細胞膜上的鈉鉀幫浦能透過水解酵素，水解**ATP**釋出能量，將鈉離子從細胞內，送出至細胞外。

Step1

鈉鉀幫浦與細胞內的鈉離子（Na⁺）結合。

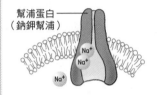

幫浦蛋白
（鈉鉀幫浦）

Step2

鈉鉀幫浦上的水解ATP酵素會水解ATP，釋出能量，將鈉離子送至細胞外。

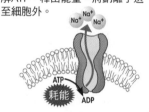

ATP
耗能
ADP

Step3

將鈉離子送出後，鈉鉀幫浦會與細胞外的鉀離子（K⁺）結合。

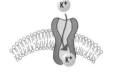

Step4

鈉鉀幫浦在送出鈉離子後，順勢將結合的鉀離子送入細胞內。

形成

細胞內外鈉離子的濃度差異更大
細胞內的鈉離子濃度更低，細胞外的鈉離子濃度更高。

促成

被動運輸
高濃度的鈉離子啟動了轉運蛋白，將鈉離子從細胞外擴散進入細胞內的同時，也將葡萄糖順勢擠入細胞內（同向），幫助細胞吸收葡萄糖，或同時將細胞內的不需要的物質反向丟出細胞外（逆向），協助廢物的排除。

例如 同向運輸

鈉鉀幫浦 Na⁺

葡萄糖

轉運蛋白

Na⁺

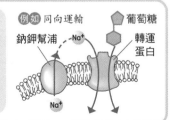

大分子物質的運輸

體內無法消化的食物顆粒、病原菌、細胞碎片、酵素、激素及膽固醇等大分子的物質，因分子過大，無法直接穿透過細胞膜，進出細胞就必須仰賴胞吞作用與胞吐作用，才能達到吸收利用或排除分解的目的。

● 大分子物質進入細胞的方式

　　小分子物質要穿過細胞膜進入細胞時，可利用被動運輸及主動運輸方式達成。但對於食物顆粒、病原菌、細胞碎片、酵素、激素及膽固醇等大分子物質，因分子太大，便無法直接穿過細胞膜，進出細胞。因此必須仰賴細胞膜的凹陷或突起變形，來包裹大分子物質，將其送入或送出細胞。而將物質運送入細胞，稱做「胞吞作用」，具有吞噬、胞飲及膜接受器媒介的胞吞作用三種形式。其中若細胞是伸出「偽足」將物質包裹住，向內推送，稱做「吞噬作用」，例如體內的巨噬細胞會利用吞噬作用，將病原菌吞入細胞中，才能透過細胞中的酵素消滅外來病原菌。

　　若由細胞膜向內凹陷無選擇性地把物質包裹起來送入細胞，細胞就好像張開口飲水的樣子，將物質飲入細胞內，則稱為「胞飲」，例如腸道中，細胞外的碳酸鹽、磷酸鹽等有機物質可利用此方式大量的進入腸道細胞，而達到營養吸收的目的。另外則是能對進入的大分子物質有選擇性，透過細胞膜上的一些接受器，具有可與接受器結合的「配體」，才可啟動細胞膜凹陷包裹物質，進入細胞，此稱做「膜接受器媒介的胞吞作用」，例如激素、生長因子等大分子物質進入細胞時，就是利用此方式。

● 大分子物質送離細胞的方式

　　細胞又如何將合成好的物質或不需要的成分移至細胞外呢？答案是「胞吐作用」。胞吐作用能將細胞內合成的大分子如激素、酵素等蛋白質送離細胞，以供應相關生理利用。細胞內合成的蛋白質經高基氏體修飾（如蛋白質摺疊、蛋白質醣化）後，會利用類似細胞膜成分的膜狀構造包裹這些物質形成一個分泌囊泡，接著，往邊緣的細胞膜運送。當分泌囊泡接觸到細胞膜時，囊泡的外膜會與細胞膜融合在一起，而順勢將原本囊泡裡頭的蛋白質物質釋至細胞外。

　　然而體內大部分細胞，例如神經細胞，利用胞吐作用分泌神經傳導物質如乙醯膽鹼時，尚需有鈣離子的協助，才能促發胞吐作用發生（參見P57）。

細胞進行胞吞與胞吐作用

胞吞作用

醣類、脂質、蛋白質等大分子物質或細菌、組織碎片等其他細胞進入細胞內部的方式。

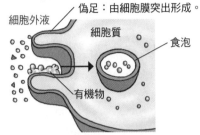

偽足：由細胞膜突出形成。
細胞外液
細胞質
食泡
有機物

方式1 吞噬

例如 無法消化的食物顆粒、病原菌、細胞碎片等，能透過細胞膜延伸而出的偽足包裹，而吞入細胞中。

方式2 胞飲

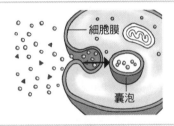

細胞膜
囊泡

例如 腸道細胞能使細胞膜凹陷，包裹住腸道中的有機質，而飲入有機質，將其吸收。

方式3 細胞膜接受器媒介的胞吞

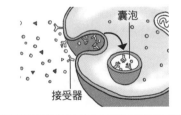

囊泡
接受器

例如 生長激素、雄性激素、膽固醇等會與細胞上的受體結合，促使細胞膜凹陷，包裹激素送入細胞中，以發揮其作用。

胞吐作用

將細胞內已合成的大分子如激素、酵素等蛋白質送離細胞的方式。

將細胞內合成的大分子包裹在囊泡內。

囊泡外膜與細胞膜融合後，其中的物質即吐出細胞外。

水能滲透進、出細胞

水是運作細胞生理及維持形態的基礎，在人體內，水是以滲透的方式進出細胞，從水分多的一邊，往水分少的一邊流動。然而太多的水分進入細胞或從細胞流出，都會導致細胞破裂或萎縮，因此水分的滲透作用在維持細胞正常運作上扮演著重要的角色。

◎ 滲透現象與滲透度

人體內會消化所吃進的食物，食物分子即溶於體液，使體內的溶質增加，飲入的水分，則使溶劑增加，因此體內必須持續不斷地調節細胞內外各種物質的濃度平衡，以維持細胞正常生理。細胞內外的礦物離子、養分分子等溶質可以利用被動或主動運輸方式穿越細胞膜出入細胞，而水這個溶劑，則是以「滲透」的方式來進出細胞。「滲透」是專指水分出入細胞的作用方式，也是擴散原理的一種。雖因油水不相溶，水分子難以穿透由脂質所組成的細胞膜，但水的分子量小，偶可穿透磷脂縫隙，或利用在細胞膜上一群蛋白質所構成的水通道蛋白，來進出細胞。

水分的滲透就是指水分子的擴散，因此水分同樣會從高濃度處（水分多）往低濃度處（水分少）移動，而濃度高低是相對的，且水分子濃度的高低則取決於除了水以外的溶質成分多寡，例如當細胞內溶液中的葡萄糖（溶質）濃度相較於細胞外要高時，即細胞內的水分（溶劑）也會比細胞外少，水分便會從細胞外流入細胞內。

◎ 滲透壓與細胞張性

一般普通狀況下，人體的細胞內外必須維持水分的平衡，即指阻止水分進入該溶液的壓力—「滲透壓」必須相等，約為300mOsm，一旦細胞內外非為等滲透壓時，就易造成水分過分流入或流出細胞，而使細胞脹大或縮小，影響正常細胞的生理功能。這是為何市面上的運動飲品或醫院給予病人注射的輸送液（點滴），往往標示溶液為「等滲透壓溶液」的原因。此外，等滲透壓溶液可維持細胞內外的張力（細胞形變的能力）相等，維持細胞固定的大小，因此等滲透壓溶液也稱為等張溶液。

細胞內外溶液濃度的調節，除了水分子的移動外，相對的，溶質的進出量也是影響細胞張性的因素之一。假若細胞外液相較於細胞內的溶質多，而其中的高濃度溶質為葡萄糖，此時若無足夠的葡萄糖進入細胞中，平衡溶質濃度，就會導致細胞中的水分不斷滲透至細胞外，造成細胞萎縮。

水分進出細胞的方式

滲透作用 水分會從低溶質濃度（水多）處滲入高溶質濃度處（水少）。

例如 當細胞外的溶質濃度高於細胞內。

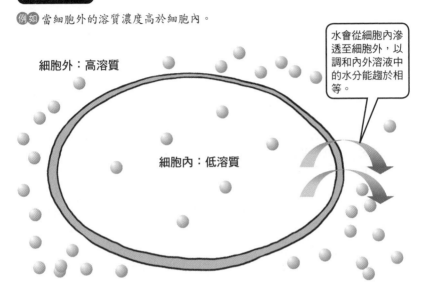

細胞外：高溶質

細胞內：低溶質

水會從細胞內滲透至細胞外，以調和內外溶液中的水分能趨於相等。

正常細胞能調節水分，使細胞內外維持等滲透壓。

| 若過量飲水 | 若不飲水 過度缺水 |

細胞外過量的水分會不斷地進入細胞中，使細胞愈脹愈大。

細胞持續缺水，細胞內無水分補給，細胞則逐漸乾縮。

危險

水

高溶質

低溶質

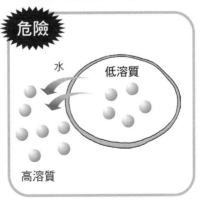

危險

水

低溶質

高溶質

細胞是有電性的

細胞的細胞膜上因具有離子通道及離子幫浦，能使帶有正或負電荷的離子在細胞內外穿梭移動，因而產生電性變化。透過電性變化可使細胞得以傳遞訊息或分泌物質，是細胞保有這些功能必備的生理機制。

○ 帶有電荷的離子分布不均讓細胞有了電性

溶於水中的各種離子是帶有電荷的，一般來說金屬離子如鈉、鉀、鈣等帶有一個至二個不等的正電荷，非金屬鹽類如二氧化碳溶於水後產生的碳酸鹽類則帶有二個負電荷。在人體細胞內外的液體也溶有許多分解自食物的離子，常見有鈉離子與鉀離子等帶有一個正電荷的金屬離子，以及氯離子和其他小型胺基酸、碳酸、磷酸鹽類等帶有負電荷的離子。這些帶電物質在細胞內外進進出出，導致細胞內外的離子濃度與電荷數經常變動，使得間隔細胞內外的細胞膜，兩側電荷數分布不均而產生電性，此電性落差即稱為「細胞膜電位」，也因進出體內各細胞的離子不同，數量也不同，體內所有細胞的細胞膜電位均有些許差異，擁有屬於自己的膜電位。

○ 改變膜電性是體內傳遞訊息的方式之一

以神經細胞為例，在神經細胞沒有傳遞訊息時的細胞膜電位稱為「靜止膜電位」，其細胞膜電性呈現細胞膜外較正、細胞膜內較負（外正內負），為接受且傳遞刺激訊息的準備狀態，因此細胞會仰賴離子通道及離子幫浦協助調節離子的分布，以維持此狀態。

當眼睛看到東西，想伸手去拿，神經細胞便會從一個未接受訊息刺激的靜止狀態（膜電性處在外正內負）下，接收到訊息的刺激（通常刺激會以神經傳導物質如乙醯膽鹼來傳遞），即神經細胞膜接受器會在接收到神經傳導物質後，開啟不同的離子通道例如鈉離子通道，讓鈉離子由細胞外進入細胞內，使原先存在細胞內外的離子濃度產生變化，細胞膜內外兩側的電荷數分布逐漸換成外負內正，改變了細胞膜原來的電性。

觸發了細胞上局部的膜電性變化後，接收到的刺激訊息開始傳遞，將電性變化再「感染」傳遞至周圍的區域，觸動其他區域的鈉離子通道也打開（這些離子通道能受電性感應而開啟），導致這些區域也產生電性變化（逐一打破原先的外正內負電位狀態，轉為外負內正），就好像在「得知」訊息後，也將訊息再傳遞下去。因此人體內能透過細胞膜的電性變化，將刺激訊息傳遞下去，進而使需要的動作反應形成。

細胞膜的電性如何產生

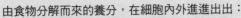

由食物分解而來的養分，在細胞內外進進出出：
帶正（+）電的有：鈉離子、鉀離子、鈣離子…
帶負（-）電的有：氯離子、胺基酸、碳酸、磷酸鹽類…

形成 細胞膜內外正負電荷分布不均，造成電性差異 ＝ 細胞膜電位

如何調節細胞膜電位

以神經細胞為例，細胞需要透過細胞膜上的蛋白質通道或幫浦，調節離子進出細胞的數量，來維持生理所需的膜電位狀態。

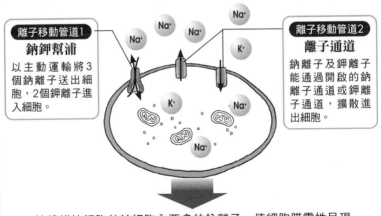

離子移動管道1
鈉鉀幫浦
以主動運輸將3個鈉離子送出細胞，2個鉀離子進入細胞。

離子移動管道2
離子通道
鈉離子及鉀離子能通過開啟的鈉離子通道或鉀離子通道，擴散進出細胞。

持續維持細胞外較細胞內要多的鈉離子，使細胞膜電性呈現「外正內負」的狀態（靜止膜電位），以備接受刺激訊息。

訊息的傳遞②
引發「動作電位」才會產生動作

神經細胞、心肌細胞及內分泌細胞在接受到刺激後，會使細胞膜電位短暫性地產生變化，引發「動作電位」做為訊號，將訊息傳至欲執行動作的細胞，才能達成肌肉收縮及分泌激素等人體需要的生理反應。

● 足夠的電性變化，才能產生動作

　　人體的神經細胞、心肌細胞及內分泌細胞等在接受神經傳導物質如乙醯膽鹼刺激後，會使細胞膜上鈉離子通道逐漸開啟，鈉離子隨著濃度擴散至細胞內會使膜電位由靜止的外正內負狀態（即靜止膜電位為負值狀態）開始產生一連串的變化，逐漸變成外負內正。細胞膜上的鈉離子通道因受到此電性的改變而開啟，讓帶正電荷的鈉離子不斷進入細胞，此過程稱之為「去極化」，它將使細胞膜的電位更趨近正值。而這去極化過程，若能使電位持續往正值飆升，超過一定值就能形成「動作電位」，這個動作電位就是讓人體能產生動作或反應的基礎。

　　人要產生動作或反應，細胞就必須受到足夠的訊息刺激，讓鈉離子通道能持續開啟，有足夠的鈉離子進入細胞中，讓細胞膜內外的電性差距愈來愈大，大到足以衝過閾值，引發可促使動作產生的「動作電位」，才能達到目的。相反的，若刺激不足以引發足夠的電位變化，始終低於閾值電位，就不會誘發動作電位，反應或動作也不會產生；此種電訊號特質即稱為「全或無」。

● 回到初始電位，以備接收下一波刺激

　　一旦引發動作電位，細胞膜上的鈉離子通道便都迅速打開，使得更大量的鈉離子流入細胞中，使膜電位迅速衝往正值後，鈉離子通道才逐漸關閉。此時的細胞膜電性也會讓另一種可感受電性變化的鉀離子通道隨之開啟，這種鉀離子通道會在細胞膜電性處於正值時打開，讓帶正電荷的鉀離子大量往細胞外移動，細胞內的正電荷減少，以逐漸回到外正內負的初始狀態，此現象稱為「再極化」。

　　不過此時因鉀離子通道持續開啟，短暫使得鉀離子流出細胞的量比流入細胞的鈉離子還要多，此稱為「過極化」現象。當細胞膜電性逐漸恢復到負值時，鉀離子通道便逐漸關閉，使得膜電位再次回到初始靜止膜電位狀態（外正內負），以備接受下一次的刺激。

動作電位的形成

刺激
訊息
→啟動→
處於「靜止膜電位」狀態的細胞
（膜電性：外正內負）

例如 感到飢餓　　　　例如 內分泌細胞

↓ 啟動

接續引發周圍細胞膜的「動作電位」，以活化整個細胞，產生反應。
例如 分泌腎上腺素。

Step1 打破「靜止膜電位」

細胞接收刺激，立即打破「靜止膜電位」，促使鈉離子通道打開，鈉離子不斷進入細胞內，改變細胞膜電性，趨向「外負內正」。

↓

Step2 去極化，達到「動作電位」

刺激訊息持續使鈉離子通道開啟，讓大量的鈉離子進入細胞，導致膜電位足以超過能引起動作電位的閾值，而引發「動作電位」，將訊息傳遞下去。

↓

Step3 經由再極化、過極化回復靜止

促發動作電位後，鈉離子通道會逐漸關閉，換由鉀離子通道開啟，使細胞內的鉀離子不斷流至細胞外，細胞內電性則趨向「負」（再極化）。

↓

接著，鉀離子流出細胞的量比流入細胞的鈉離子還要多（過極化），使得膜電位反而比靜止膜電位時更「負」，鉀離子通道才關閉，好讓膜電位得以回到初始的靜止狀態。

回復到靜止膜電位，等待接收刺激訊息

● 能產生動作電位的細胞

人體中可產生動作電位的細胞，特稱為「興奮性細胞」，包括了能藉由動作電位將刺激訊息傳遞至遠處其他受器的「神經細胞」、藉由動作電位產生收縮的「肌肉細胞」、以及藉由動作電位釋放激素的「內分泌細胞」。

細胞若不正常增長，就會變成「癌」

人體的各種細胞都有各自的生命週期，按照一定的規律分裂出新細胞、汰換掉老舊細胞，例如：腸道黏膜細胞約五天左右就會全部汰換更新一次，而腦部的神經細胞從出生後就一直維持固定的數目，不會汰換更新。

細胞的生命週期由週期素調節控制。在細胞分裂期，使細胞行有絲分裂，平均地將細胞內的物質（如細胞質、染色體）一分為二，然後在間期經由生長、複製細胞核內的遺傳物質DNA、及合成細胞素，完成一次細胞生命週期。在人體內，細胞何時進入下一個週期、進行的快慢，週期素都像管制員一般，會嚴格檢查DNA複製數目，若發現細胞尚未複製好DNA、還不宜分裂的話，便會將細胞週期停滯，或直接驅使細胞死亡，以確保細胞的功能都正常。

當如果週期素功能異常、或細胞週期的管制點失控，造成細胞持續分裂無法停止的話，就會變成「癌細胞」。癌細胞因為無限制地增生，細胞一個個堆疊起來而成為「腫瘤」。一旦這些不正常分裂的腫瘤侵入正常組織，或隨著血液及淋巴轉移至他處造成其他正常組織器官失去正常功能，即是「惡性腫瘤」或稱「癌症」。

治療惡性腫瘤首要之務便是消滅這些不正常分裂的細胞，臨床上，手術切除腫瘤為優先治療的方式，之後再輔以放射線治療、化學治療，進一步消滅入侵到較深層組織的腫瘤細胞。不過這些治療就像是亂槍打鳥一樣，在清除腫瘤細胞的同時也會使正常細胞死亡，使患者免疫力降低，也會有掉髮、口腔潰爛等副作用。

現在較新的療法多是朝向專一性發展。例如，標靶藥物利用可專一與腫瘤細胞表面上接受器結合的小分子，與其結合抓住癌細胞後，再利用放射線殺死；免疫療法以施打疫苗如子宮頸癌疫苗，提高淋巴球T細胞免疫力來辨識腫瘤細胞，將之殺死；荷爾蒙控制利用某些腫瘤對荷爾蒙敏感的特性，如乳癌和前列腺癌，給予雌性激素和雄性激素補充。這些治療方式都因可根據腫瘤發生位置、大小及細胞的特異性給予不同組合的治療，減低傳統化學治療對正常細胞的傷害。

Chapter
2

神經系統與
感官世界

我們之所以能看到、感覺到，甚至和其他動物有所區別成為萬物之靈，有賴於體內神經系統的發達。由神經細胞交織連結而組成的神經系統，能透過細胞上離子電荷濃度差而形成的電流，做為神經細胞間傳遞的訊號，傳遞各種感受進入體內，讓人能做出相對應的動作或反應。

認識人體的神經網絡

眼睛看到球飛過來，這是一種刺激，刺激會經由神經系統傳遞進入大腦及脊髓後整合做出命令，傳達給手或腳等反應器官，做出接住球或閃躲的反應。人體因為有靈敏的神經系統，才能保護自己免於外在環境的傷害。

● 神經貫於全身，訊息傳遞無往不利

　　神經系統包括了腦及脊髓所組成的「中樞神經」、及由腦和脊髓向軀體兩側延伸的「周圍神經」。由一個個神經細胞串連組成的神經網絡分布於人體全身，並通達手腳肢體的末梢。

　　中樞神經負責統整由周圍神經傳來的刺激訊息，並進一步發布命令給支配軀幹或器官的周圍神經，以產生相對於知覺、思考、記憶、情緒及動作的反應。周圍神經是中樞神經以外所有神經的統稱，從中樞神經延伸於人體左右兩側，且左右對稱、成對分布。其中，與腦直接相連的有12對、與脊髓直接相連的有31對。另外，還可依傳遞方向將周圍神經區分為：由刺激端傳遞刺激至中樞神經的「感覺神經」，和傳達中樞神經的命令至執行的肌肉或腺體的「運動神經」。也就是說，將炎熱的感覺傳入腦部的是感覺神經，而傳達大腦命令，讓手去拿扇子搧風解熱的則是「運動神經」。

　　但總觀人體，周圍神經並不只是遍布於軀體的感覺神經與運動神經，還包含了各內臟器官中的「自主神經」，也就是常聽到的「交感與副交感神經」以及「腸內神經」三大部分（參見P67），因此體內的器官也才能接受由中樞神經系統所發出的命令，做出回應。

● 「神經」讓人有感覺與反應

　　人體的五官、手腳與內臟分布著許多感受器細胞，這些細胞與神經銜接，感受器細胞就像是開關一樣，當接受刺激，如感受溫度變化、觸覺、痛覺等，便會打開開關，將刺激的訊息傳給神經細胞。傳遞過程會將刺激轉換為動作電位（參見P46），使電訊號沿著感覺神經一路傳至位於腦及脊髓內的中樞神經。

　　接著，刺激訊息經由中樞神經，在腦或脊髓的相關功能區域進行訊號的分析、整合，再由中樞神經發布另一個動作電位訊號，沿著與中樞相連的運動神經，將來自中樞的指令傳遞至神經末梢的動作器細胞如肌肉或分泌腺體來執行。若傳達中樞命令至肌肉，會使肌肉收縮或舒張；若傳達中樞命令至腺體，會使腺體分泌體液、酵素或是激素，以進一步達成必要的生理代謝。

神經系統的組成與運作方式

 外來刺激

外在環境的變動會刺激人體產生動作或反應來回應。
⑳ 天氣炎熱

傳到

 神經的運作模式如同啟動一台電器

開關
外來刺激啟動訊息的接收

感受器細胞

位於人體五官、皮膚或內臟，能感覺外來觸覺、冷熱等，及內在痛覺的細胞。
⑳ 熱感受器細胞感應到「熱」，便產生動作電位。

傳入

電線
傳入刺激

感覺神經

屬周圍神經，能將感受器細胞產生的動作電位訊號往中樞神經傳遞。
⑳ 接受熱感受器傳來的動作電位，並將其傳入中樞神經。

傳入

 電腦主機
整合訊息

中樞神經

腦或脊髓統整由周圍神經傳來的刺激訊息，並進一步發布命令給支配軀幹或器官的周圍神經。

傳入

電線
傳送命令

運動神經

屬周圍神經，將中樞整合後的訊號傳至動作器。
⑳ 傳遞由中樞神經傳來的解熱訊息至手部肌肉。

傳至

電腦螢幕
將命令執行呈現

動作器

產生動作的組織器官，如肌肉或腺體等。
⑳ 手部肌肉會接收由運動神經傳來的命令。

執行

對刺激做出回應。
⑳ 手部肌肉收縮，伸手打開電扇解熱。

神經系統由神經細胞連結組成

神經細胞是構成神經系統的基本單位，這些細胞連結聚集成束稱為神經，像電線般負責體內各種生理訊號至中樞間的訊息傳遞。

◉ 外型獨特的神經細胞

神經系統是由一個個神經細胞（又稱為神經元）串連組成，因此神經細胞是神經系統的基本單位，其包括能整合訊息的「細胞本體」、及具突起狀的「神經纖維」接收及發送訊號，達成傳訊的功能。

細胞本體是神經細胞較為膨大處，內含有細胞核，負責分析解讀傳入的訊號、以及向外發布執行命令。神經纖維則是分為樹突及軸突兩部分，分別位於神經細胞的兩端。樹突呈樹狀分支，與細胞本體相連接，能接受刺激訊號，並將其傳入細胞本體，可說是神經細胞的前端。至於軸突則呈細長狀，同樣與細胞本體相接，但為神經細胞的尾部，負責將細胞本體發出的動作電位訊號傳向末端，讓訊息再傳向下一個神經細胞的樹突。

通常神經細胞上的樹突具有多分支，能接收多處的刺激訊息，但軸突只有一條，這是因為訊息會經由細胞本體過濾整合後才將必要的命令下達於軸突去執行，軸突所執行的命令必須單一明確。

◉ 神經細胞的功能性分類

人體的神經細胞可依傳訊方向及功能的不同，分成感覺神經元、聯絡神經元及運動神經元三類。方向及功能相同的常聚集成束，稱為「神經」。

其中，屬於周圍神經的「感覺神經」，泛指周圍神經中將感受器端接收到的訊號傳遞至腦或脊髓等神經中樞的神經細胞群，也稱為「傳入神經」。「運動神經」則泛指會將來自神經中樞的訊號傳遞到神經末梢的動作器，因此也稱為「傳出神經」。

至於「聯絡神經」則是多位於中樞神經系統中，是中樞神經的傳令兵，負責接收傳入神經的訊號給中樞神經、及發送由中樞神經輸出的訊號。聯絡神經透過興奮性與抑制性兩種相互箝制的神經類型，使人體產生合宜的動作。例如：當抬起腳要往前跨出一步時，訊號會傳入中樞系統的興奮性聯絡神經，再將訊號傳至運動神經，通知前側的肌肉收縮；此時後側的腿部肌肉，則是同時與中樞系統中的抑制性聯絡神經相連，使後側肌肉放鬆，使兩腿協調完成動作。

神經細胞的構造及分類

神經細胞（神經元）

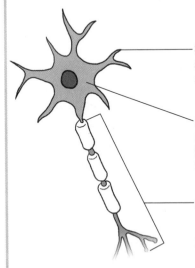

樹突
樹狀分支，可接受刺激的訊號傳入細胞本體。

細胞本體
內含有細胞核，是維持神經細胞生長代謝的主要部分，並且負責分析解讀傳入的訊號及向外傳出訊號。

軸突
呈細長狀，末端具有分支，軸突負責將細胞本體發出的訊號傳向末端，接著再傳向下一個神經細胞。

分類

①將感受器端接收到的訊號傳遞至腦或脊髓等神經中樞。

②為中樞神經接收來自神經元的訊號，及發送中樞要傳出的訊號。

③將來自神經中樞的訊號傳遞到神經末梢的動作器。

感覺神經元
（傳入神經元）

聯絡神經元

運動神經元
（傳出神經元）

訊號「跳著」傳導，以加快反應

人體的感受器細胞在接受刺激後，會改變細胞內外離子（帶有電荷）的流動性，而產生電性變化，再經由神經細胞上樹突的接收，與細胞本體整合，再利用軸突將訊息往下傳遞至下一個神經細胞或動作器，才使反應得以執行。

◎ 神經上的髓鞘讓訊號更快速傳達

神經系統能讓我們在看到球朝向自己傳來，僅僅一秒多鐘，手便能很快速地擋住，靈敏且快速地做出回應。這不只因為神經上的訊息是以快速形成的「電」訊號來傳遞，還因為神經細胞上有「髓鞘」。髓鞘是包覆在神經細胞軸突外側的脂質物質，能絕緣、防止電荷在細胞內外液之間流動。在軸突上，髓鞘每包覆一段後就會中斷再接著包覆，讓神經軸突呈現一節一節的樣子。髓鞘包覆的中斷處稱為「蘭氏結」，僅有此處電荷才能不受阻擋在細胞內外流動。

當樹突接收到電位變化的訊息，傳入細胞本體，整合成動作電位後便傳向軸突，此時電訊號會在未包覆髓鞘的蘭氏結處傳遞，跳過絕緣處，傳到下一個蘭氏結處，「跳」著傳遞訊號以加快傳遞的速度。正因為髓鞘覆蓋的區域內讓電荷少有漏流，使得較多電荷可抵達下一個蘭氏結，每個蘭氏結處的動作電位也能更快生成，將訊號再傳遞下去。

雖然體內並非所有的神經均具有髓鞘，但負責肢體感覺及動作的神經，則多具有髓鞘。電訊號在無髓鞘的神經上傳遞的速度約為每秒0.5公尺，已經相當快了，但在有髓鞘的神經上，其傳遞速度則可高達每秒100公尺，更為快速，使人的肢體得以應付緊急狀況，即時回應保護自己。

◎ 「接頭」的種類決定下一步傳訊的方式

電訊號隨著軸突傳遞至最終端，會在末端處與下一個神經細胞樹突緊鄰，其間形成的間隙稱為「突觸」。突觸猶如一個特殊的接頭會與下一個神經細胞、或可與組織細胞如肌肉、腺體接上。神經系統中的神經細胞便是以突觸互聯，形成神經聯絡網路。

當神經軸突傳遞電訊號至突觸處時，絕大多數都是以釋放神經傳導物質的方式將訊息再傳至下一個神經細胞，多半不以電荷傳訊。不過仍有少數是以電荷交流形成動作電位來傳訊，主要位於心臟處，用以維持心跳節律及心臟收縮等絲毫不可延宕的重要功能（參見第四章）。

訊號從軸突傳至下一個細胞

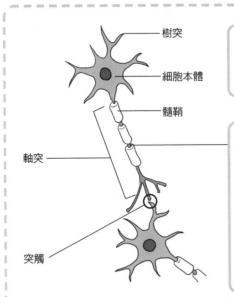

- 樹突
- 細胞本體
- 髓鞘
- 軸突
- 突觸

樹突、細胞本體
樹突接受來自接受器細胞的電性變化,傳入細胞本體以整合訊息,引發動作電位。

↓ 傳入

蘭氏結
動作電位會在軸突上沒有髓鞘包覆、可正常感應電位變化的蘭氏結處傳遞。

↓ 形成

跳躍式傳導
電訊號會在軸突上間隔的蘭氏結處傳遞,使訊息「跳著」傳至軸突終端。

↓ 訊息傳入下一個細胞

突觸傳遞方式有二種

以電訊號傳訊 / 以神經傳導物質傳訊

電突觸

分布
多位於心臟處,但人體內數量不多。

傳遞方式
突觸間隙非常小,直接利用離子通道傳送電荷。

化學性突觸

分布
廣泛分布於人體內,是體內主要的突觸種類。

傳遞方式
突觸間隙較大分泌神經傳導物質至下一個神經細胞。

用神經傳導物質通知下個細胞

兩個神經細胞之間會以「突觸」來連結，上一個神經元末端會將電訊號透過神經傳導物質，傳遞給下一個神經元，促動下一個神經元的電性變化，讓訊息得以再傳下去。

● 在突觸，訊號如何傳遞？

動作電位訊號自軸突處形成後，一路傳到了末端（突觸前神經元），此時動作電位會激活鈣離子通道（電位感受性離子通道）使其打開，讓鈣離子進入細胞中。鈣離子濃度的增加會促使細胞中包裹著神經傳導物質的囊泡，移動到突觸邊緣，以胞吐作用（參見P40）將神經傳導物質釋放到突觸間隙（突觸與相連的組織細胞間的縫隙，距離約為10～20奈米）。再藉由神經傳導物質與下一個細胞（突觸後神經元）上的接受器結合，促使下一個神經細胞的電性改變，引發下一波動作電位，便將上一個細胞接收的訊息，傳入下一個細胞。

● 神經傳導物質的功能

由囊泡運送的神經傳導物質，型態相當多元，有簡單的氣體分子如一氧化氮，也有較為複雜的各式胜肽（由胺基酸組成）。在不同的生理情況下，不同型態的神經傳導物質可與下一個神經細胞膜上的接受器結合，啟動細胞膜上的離子通道，改變這個神經細胞的細胞膜電位，引發動作電位，因此神經傳導物質為訊息傳遞的重要媒介。

體內常見的神經傳導物質包括如乙醯膽鹼、多巴胺、麩胺酸或一氧化氮等。但這些物質並非全是用來興奮活化神經的，有些是用來抑制神經的活性；如此一來，突觸前神經元所釋放的神經傳導物質種類，就能決定是否活化突觸後神經元，訊息是否需要繼續傳遞。

● 體內主要的神經傳導物質—乙醯膽鹼

乙醯膽鹼是人體中第一個被發現的神經傳導物質，也是大部分神經系統中突觸前神經元囊泡內主要的神經傳導物質，由生物學家奧圖·羅威發現。

神經細胞間的訊號傳遞

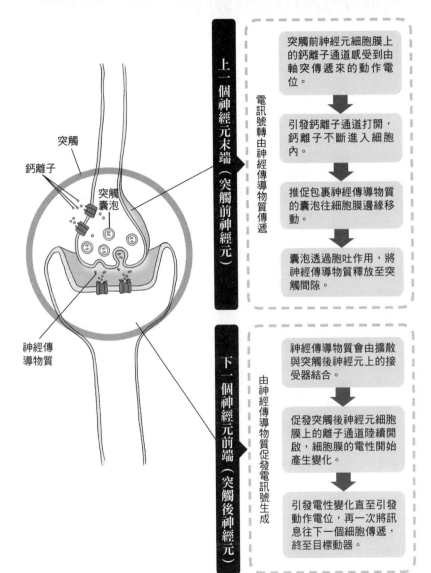

突觸

鈣離子

突觸囊泡

神經傳導物質

上一個神經元末端（突觸前神經元）

電訊號轉由神經傳導物質傳遞

突觸前神經元細胞膜上的鈣離子通道感受到由軸突傳遞來的動作電位。

↓

引發鈣離子通道打開，鈣離子不斷進入細胞內。

↓

推促包裹神經傳導物質的囊泡往細胞膜邊緣移動。

↓

囊泡透過胞吐作用，將神經傳導物質釋放至突觸間隙。

下一個神經元前端（突觸後神經元）

由神經傳導物質促發電訊號生成

神經傳導物質會由擴散與突觸後神經元上的接受器結合。

↓

促發突觸後神經元細胞膜上的離子通道陸續開啟，細胞膜的電性開始產生變化。

↓

引發電性變化直至引發動作電位，再一次將訊息往下一個細胞傳遞，終至目標動器。

人腦的結構與功能

位於頭部的腦為中樞神經系統之一，能透過神經運作控制和協調動作、維持生命功能恆定（如：心跳、血壓、體溫等）及心理精神層次（如：認知、情感、記憶和學習）等人體感受和活動。

○ 人腦的基本結構

一個成人的頭腦約重1.2～1.5公斤，位於頭部顱骨內，顱骨下還有由結締組織形成、包覆著大腦的外膜叫做「腦膜」。

腦是由負責傳遞神經訊號的「神經細胞」、及用來支撐神經細胞的「神經膠細胞」共同組成。神經膠細胞會依附在神經細胞周圍，像膠水固定一般支撐固著神經細胞，此外，還能提供營養物質給周圍的神經細胞，及形成神經軸突上的髓鞘。腦細胞和其他細胞一樣，運作需要氧氣及營養物質的不斷供給，這些養分則是由頸內動脈及椎動脈兩條大血管來供應。供應腦部的血量占全身血量的五分之一，可知腦部對血液的需要量大，一旦血液供應不足，腦細胞便易缺血壞死，相當脆弱。

○ 腦有哪些功能

整個腦部其實並不只有「大腦」，還包括了「小腦」及「腦幹」共三個部分。腦部屬於中樞神經系統，負責訊息的整合，各區域即使掌管不同的活動，但都以接收訊息→整合出訊息→發布於動作器執行的方式運作。

稱為「意識中樞」的大腦分為左右兩半球，左半球主宰語言、邏輯推理，並控制右半身活動；右半球則主宰空間、藝術等理解與創作力，並控制左半身活動。腦中不同的結構也分別掌管不同的活動，例如：在大腦的最外層、表面有曲折腦溝的「大腦皮質」，其不同的區域分別匯集了掌管不同人體活動的神經細胞，因此能劃分出感覺區、視覺區等；在大腦內部偏下方還有兩個小型結構「視丘」及「下視丘」，其中所聚集的神經細胞主管人的情緒、體溫及食慾；而位於大腦最下方處似海馬形狀的「海馬迴」，則與記憶的形成有關。

小腦位於大腦後下方，可協調全身肌肉，維持身體平衡，因此稱為「平衡中樞」。而腦幹因控制著心跳與呼吸等與生命存亡直接相關的生理反應，因此稱為「生命中樞」，除此之外，腦幹還負責了打噴嚏、咳嗽、眨眼、唾液分泌、嘔吐及瞳孔放大縮小等功能。

腦的基本結構

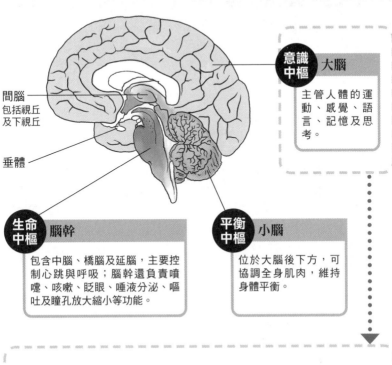

間腦
包括視丘
及下視丘

垂體

意識中樞 大腦

主管人體的運動、感覺、語言、記憶及思考。

生命中樞 腦幹

包含中腦、橋腦及延腦,主要控制心跳與呼吸;腦幹還負責噴嚏、咳嗽、眨眼、唾液分泌、嘔吐及瞳孔放大縮小等功能。

平衡中樞 小腦

位於大腦後下方,可協調全身肌肉,維持身體平衡。

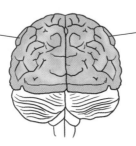

左大腦半球

負責語言、邏輯推理等功能,並控制右半身活動。

右大腦半球

負責空間、藝術等理解與創作力等功能,亦控制左半身活動。

情緒會讓記憶特別深刻

大腦中的海馬迴能藉由產生動作電位，執行「學習編碼→儲存→回憶提取」三步驟來形成「記憶」，使得人能記得過去所經驗的各種事物，進而能學習。

● 記憶的生成

　　大腦的多項功能中，「記憶」是最令人感興趣且好奇的功能之一。位於大腦底面中腦兩側的「海馬迴」，是學習與產生記憶的重要腦區。受到訊息刺激（例如看一本書）時，此刺激會促使海馬迴處神經細胞突觸間不斷地釋放與接收神經傳導物質麩胺酸，而誘發突觸後神經元細胞膜上的動作電位形成，致使海馬迴處能執行「學習編碼」、「儲存」及「回憶提取」三個步驟，來形成「記憶」。學習編碼是吸收新的信息進入「短期記憶」；儲存是透過有規律的讀取，達到儲存重要信息成為「長期記憶」的目的；回憶提取是整理記憶的內容加強記憶的固著，因此若能重複受到訊息的刺激或重複回想，記憶就更固著、更不容易忘記。

　　「短期記憶」約只有保留20秒以下，這是因為這樣短時間的記憶只是人在當下環境、狀態的暫時性印象而已，例如：電話號碼、住址的背誦，因此又稱為「初記憶」。其中也包括了一種暫時性儲存的記憶，需要時就記得，事情處理後就會忘記，稱為「工作記憶」，例如：停車的位置、午餐吃了什麼。

　　至於「長期記憶」是指能夠長期保存、甚至永久保存的記憶，包括記得大學時期的趣事、參加過誰的婚禮等這類可陳述性的記憶；以及學習開車、彈鋼琴等這類程序性記憶。此外，像是「一朝被蛇咬，十年怕草繩」，因過去的特殊經歷留下了深刻印象，以致遇見類似事件時，便制約性的產生記憶做連結，也屬長期記憶中的一種。

● 情緒會影響記憶

　　情緒也能強化或減弱記憶。當記憶與情緒有連結時，印象會特別深刻，這是因為當情緒反應時，身體會產生「腎上腺素」及「可體松」兩種激素，激素會影響到管理情緒記憶的腦區——杏仁核（與海馬迴相連的橢圓結構），並將訊號傳遞至海馬迴，最後傳至負責感覺記憶的大腦皮質區，使記憶更加鮮明。不過，當人遭遇重大變故、心靈創傷及太過悲傷的情緒，也會使大腦自我保護而選擇遺忘那段可怕的回憶，減弱記憶。

記憶的形成

外在刺激
例 正在讀文章

傳入

大腦中的海馬迴

海馬迴中神經細胞突觸間會不斷地釋放與接收「麩胺酸」。

致使

突觸後神經元細胞膜上的鎂離子通道打開通透，進而誘發動作電位。

執行

Step 1 | 編碼　吸收新的信息成為「短期記憶」。

Step 2 | 儲存　有規律地多次讀取訊息，以致儲存成為「長期記憶」。

Step 3 | 回憶提取　整理記憶的內容（再次回想），加強記憶的固著。

情緒
例 生氣、悲傷

促使

分泌激素：腎上腺素、可體松

影響

管理情緒記憶的腦區
杏仁核

傳入

海馬迴

影響記憶的存取，記憶更為鮮明

61

脊髓傳遞來自大腦的命令

脊髓位於腦部下方由脊椎骨所形成的柱狀結構內，也屬於中樞神經系統的一員。它不僅是身體各部位與腦之間神經訊號傳遞的中繼站，同時也控制一部分肢體反射、器官局部血流、腸胃運動及排尿作用。

● 脊髓的結構

　　脊髓位於脊椎骨形成的脊柱內部，呈細長圓柱狀，在神經系統中屬於中樞神經系統。脊柱為脊椎動物背部用來支撐整個軀體的中軸骨骼，人類的脊柱是由脊椎骨和具緩衝作用的椎間盤組成，能支持軀幹，並保護內臟器官。脊柱可劃分為頸椎、胸椎、腰椎、薦骨及尾骨，共31節，每一節脊柱內部都含有脊髓，脊髓中央是由腦部的腦室延伸下來的一個中空型的管狀結構，內含有腦脊液，能吸收震盪具有緩衝力而保護脊髓。

　　脊髓的橫切面中間有一類似蝴蝶狀的區域，稱為「灰質」，內含有聯絡神經元、感覺或運動神經元的細胞本體及樹突，還包含神經膠細胞。而位於灰質外圍的是「白質」，內含有許多成群有髓鞘的軸突。這些神經纖維有些縱走環繞在脊髓裡、有些是從腦部縱穿連結至脊髓，能將腦部的訊號往下送到脊髓、或將訊號由脊髓往上傳送到腦部。

● 脊髓的功能

　　脊髓與腦部底端的腦幹相連，脊髓除了能傳送來自組織器官四肢等感受至大腦或將大腦整合的訊息傳出外，也能在接受感受訊息後，不需經由大腦整合，直接回覆反應，命令動器（四肢肌肉）產生動作（參見P64）。這使得人體得以應付緊急情況，快速反應，避免受傷。主要控制四肢的反射動作，如碰到針刺，手腳立刻縮回等。

　　腦幹也同樣能執行此種反射動作，特別是控制頭部的反射動作，如眨眼、噴嚏、咳嗽、吞嚥、嘔吐、瞳孔縮放及唾腺分泌唾液等，與脊髓同為主宰人體反射作用的中樞神經。

Info 骨髓捐贈的迷思

骨髓捐贈是抽取捐贈者兩側骨盆中腸骨內的骨髓幹細胞，而非抽取脊椎骨內的脊髓。骨髓幹細胞的捐贈可幫助造血功能異常的病患如白血病（即俗稱的血癌），重新獲得正常的造血功能而恢復健康。

脊髓的結構與功能

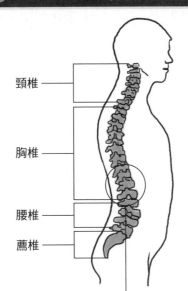

頸椎

胸椎

腰椎

薦椎

脊椎

與腦幹相連，劃分為頸椎、胸椎、腰椎、薦骨及尾骨，共31節，每一節脊柱內部含有脊髓，中央管柱內含有腦脊液。

脊髓

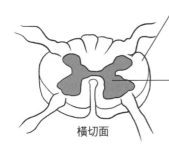

橫切面

外層 白質

內含許多成群有髓鞘的軸突，這些神經纖維縱走在脊髓裡，在腦部與脊髓間上下傳遞訊息。

內層 灰質

指脊髓的橫切面中間一類似蝴蝶狀的區域。內含有聯絡神經元、感覺或運動神經元的細胞本體及樹突，還包含神經膠細胞。

功能

①傳送訊息經大腦

傳送來自組織器官四肢等感受至大腦或將大腦整合的訊息傳出。

②傳送訊息不經大腦

接收來自四肢的刺激訊號後，不經過大腦，直接回應動器去產生動作。

緊急情況下人體的反射動作

當遇到緊急狀況時，人體可藉由反射作用，不經大腦思考迅速地做出反應，例如手觸電時會立即縮回、有異物靠近時會眨眼，以保護人體，免於受傷。

◉ 什麼是「反射」？

　　反射一詞，原單純指在自然界中一物體受刺激後產生的反應。在人體生理中，反射指的是人體對內外環境刺激所產生的非意識性反應，例如聞到胡椒粉會不自覺地打噴嚏、食物進到口腔會引起唾液分泌。反射作用通常對人體是有利的，特別是在人體遇到緊急狀況時，像是腳踩到尖銳的釘子或手碰到滾燙的水，能迅速做出反應，避免造成人體傷害，且神經傳導路徑不經過大腦，即是省去大腦整合思考的時間，而能迅速回應。

◉ 反射的作用方式

　　達成反射作用必須歷經：感受器（感覺）→感覺神經元（訊息傳入）→反射中樞（腦幹或脊髓）→運動神經元（傳出訊息）→動作器（執行動作），這整組神經傳導路徑特稱為「反射弧」。其中的反射中樞不像大腦一般複雜，主要進行單純的接收與傳遞，腦幹負責頸部以上的反射，而脊髓負責四肢及內臟的反射。

　　兩腳交疊敲擊膝蓋時會使腳抬起的「膝跳反射」是最常見的反射弧。這種反射訊息的過程只歷經一個突觸的傳遞，即感覺神經在反射中樞內直接將訊息傳給運動神經，因此稱為「單突觸反射」。但假若為右腳踩到釘子，右腳舉起的同時，神經傳導路徑會交叉走到對側，讓左腳伸直站穩幫助平衡即同時達成「屈肌反射」及「交叉伸肌反射」，此種反射很顯然地需要三個或以上的聯絡神經元，歷經多個突觸的連結傳遞，才能到達控制左腳的運動神經，因此稱為「多突觸反射」。

　　此外，反射作用並非僅有感受器在體表外的「外感受性反射」，如軀幹及四肢的反射作用，也有接受內臟感受性刺激和本體感受刺激的「內感受性反射」，如心臟搏動、血管收縮舒張、腸胃運動及腺體分泌。臨床應用上，可藉由檢測這些反射反應是否正常，進而推測受傷或生病後神經傳導路徑是否有損害。

人體的緊急反應—反射作用

反射作用

神經傳導路徑不經過大腦，在非意識下就執行反應，以縮減反應時間，保護人體安全的作用機制。

外感受性反射
感受器在體表外，如：軀幹及四肢的反射作用。

內感受性反射
接受內臟感受性刺激和本體感受刺激的內感受性反射，如：心臟搏動、血管收縮舒張、腸胃運動及腺體分泌。

作用路徑（反射弧）

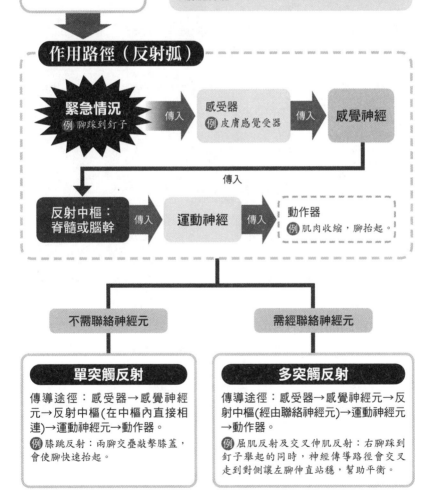

不需聯絡神經元

需經聯絡神經元

單突觸反射

傳導途徑：感受器→感覺神經元→反射中樞(在中樞內直接相連)→運動神經元→動作器。
例 膝跳反射：兩腳交疊敲擊膝蓋，會使腳快速抬起。

多突觸反射

傳導途徑：感受器→感覺神經元→反射中樞(經由聯絡神經元)→運動神經元→動作器。
例 屈肌反射及交叉伸肌反射：右腳踩到釘子舉起的同時，神經傳導路徑會交叉走到對側讓左腳伸直站穩，幫助平衡。

傳遞訊號使動作形成的周圍神經

人體的周圍神經系統就是指除了中樞神經系統（腦與脊髓）以外的神經，主要負責神經訊號至中樞神經的雙向傳遞（傳入及傳出），使刺激訊息得以傳入中樞神經整合，及整合後傳出至動作器去執行相對應的動作或反應。

○ 什麼是周圍神經系統

　　周圍神經系統主要包括由腦部延伸出的「腦神經」，以及由脊髓延伸出的「脊神經」。這些神經會延伸至五官、四肢以及體內臟器，執行傳入訊息至中樞及自中樞傳出訊息，因此可分為負責傳入訊息的「感覺神經」、以及負責將中樞的訊息傳出的「運動神經」。而訊息最終傳出至哪裡執行反應，則視訊息傳出至「體神經」、「自主神經」或「腸神經」而定。體神經負責執行由大腦意識控制的活動，支配骨骼肌的收縮，使四肢產生各種動作，如手的擺動與走路等；自主神經則是負責不經由大腦思考才反應的活動，其神經訊號傳遞會投射到各內臟器官調節平滑肌與腺體，影響臟器的運作如心跳、呼吸、血壓和消化，故自主神經也稱為內臟神經。（腸神經的功能，參見P172）

○ 自主神經中的交感與副交感神經

　　自主神經還切分有「交感神經」與「副交感神經」，兩者多以相互牽制抗衡的方式調節臟器的運作，例如交感神經主要控制「戰或逃」的反應，也就是在緊張危急時，交感神經易興奮，使心跳變快、肌肉可強力收縮，使人力氣大增。相反的，副交感神經則控制人體的「休息與食物消化」，當副交感神經興奮時，會緩和心跳、和緩緊張情緒。

○ 自主神經的運作

　　神經訊號若由自主神經傳遞，其傳至動作器（臟器及腺體細胞）前，會先經過像中繼轉運站般的「神經節」，是由眾多神經細胞集結而成的結構，負責轉運訊號給另一個神經細胞讓它繼續傳往動作器，這樣一來就能將訊息傳遞至更遠的位置。從中樞發出、至神經節前的自主神經，稱為「節前神經」；從神經節後端連結至動作器的自主神經，均稱為「節後神經」。節前神經及節後神經都能透過分泌神經傳導物質將訊息傳下去。

周圍神經系統的組成

周圍神經系統
腦神經、脊神經

感覺神經（傳入神經）
傳遞方向由周圍至中樞

運動神經（傳出神經）
傳遞方向由中樞至周圍

體神經
控制由大腦意識控制的活動，負責支配骨骼肌的收縮，使人體四肢產生各種動作。

自主神經
控制非意識控制的活動，掌握了生命攸關的生理功能，如心臟搏動、呼吸、血壓、消化和新陳代謝。

腸神經
腸道獨立的神經系統，不受中樞神經所控制，腸神經輔助腸胃道運動功能。

交感神經
調控人體緊急應變的反應，消耗能量。
例 心跳加速、血管收縮、肌肉收縮、力氣變大。

功能多為相互拮抗

副交感神經
調控人體休息與食物消化，產生能量。
例 心跳變慢、血管舒張、腸胃蠕動加快。

運作方式

中樞
腦或脊髓

節前神經

神經節

節後神經

動作器
內臟器官
平滑肌或腺體

藉由分泌神經傳導物質，將訊號傳給神經節

藉由分泌神經傳導物質，將訊號傳給動作器

67

控制五官表情及肢體動作的神經

周圍神經中與大腦相連的腦神經可支配五官的肌肉運動，形成多樣的表情，來表達內心的情感；而由脊髓發出的脊神經因負責控制肌肉收縮與放鬆，所以控制著我們的肢體動作。

◉ 腦神經的功能

與中樞神經腦部相連的「腦神經」，屬於周圍神經，左右兩兩成對共有12對，每對腦神經分別傳遞不同的臉部五官感覺、控制臉部、肩頸處細微的肌肉運動。其中，第二對至第四對及第六對主要負責眼部，包括傳遞眼睛所接受到的刺激訊號（如光線、色彩等）形成視覺、控制眼球轉動、支配瞳孔的大小及眼睛的閉合。而第五對「三叉神經」控制臉部皮膚的感覺（包含冷熱覺、觸覺、痛覺）以及第七對「顏面神經」控制臉部表情，兩者即是一般所指的顏面神經失調，造成臉部扭曲的源頭。

有些腦神經同時也屬於自主神經中的交感或副交感神經，因此能支配臟器、腺體的運作，例如第七對「顏面神經」中也包含有副交感神經，可調控淚腺分泌淚液、舌下腺與頷下腺分泌唾液；第十對「迷走神經」屬於副交感神經，可支配心臟血管，使心跳變慢血管放鬆，或支配腹部器官如：腸胃道，使腸胃蠕動加快。

◉ 脊神經的功能

人體由脊髓延伸出的脊神經共有31對，這些神經由脊髓發出後會散布在人體的軀幹、四肢和內臟等部位。頸椎神經有8對，負責控制肌肉收縮與放鬆及腺體分泌，並且接受來自頸部、肩膀、上臂與手部所傳入的感覺神經訊號。胸椎神經有12對，負責控制胸腔與腹腔壁；腰椎神經有5對，負責控制臀部與腿部功能；薦椎神經也有5對，負責控制生殖器與消化道的功能。尾椎神經僅有1對，負責控制尾骨。

Info 脊髓的創傷

人體的頸椎與腰椎較脆弱，容易造成脊髓創傷，通常輕微脊髓創傷的病患者會失去身體某部份的感覺，或無法控制手與腳的動作，嚴重脊髓創傷的病患者依其受創的位置，會出現半身不遂、四肢癱瘓或是全身癱瘓。

腦神經與脊神經的功能

腦神經 與腦直接相連的周圍神經，共有12對。

第1對	嗅神經	傳遞物體氣味的刺激訊號至腦部產生嗅覺。
第2對	視神經	傳遞眼睛所接受到的刺激訊號至腦部形成視覺。
第3對	動眼神經	傳遞腦部的神經訊號至控制眼球的肌肉上，讓眼球轉動、有副交感神經功能可同時支配瞳孔的大小。
第4對	滑車神經	傳遞腦部的神經訊號至眼部周圍的肌肉上，控制眼睛的閉合。
第5對	三叉神經	角膜反射（刺激角膜產生流淚反應）、鼻黏膜、臉部皮膚冷熱覺、觸覺等感覺及口腔咀嚼、牙齒咬合的運動。
第6對	外旋神經	傳遞腦部的神經訊號至眼部周圍的肌肉上，控制眼睛的閉合。
第7對	顏面神經	負責舌頭前三分之二的味覺形成及控制臉部表情肌肉收縮放鬆的控制、具有副交感神經，可調控淚腺淚液分泌，及舌下腺與頜下腺的唾液分泌。
第8對	前庭耳蝸神經	傳遞耳朵所接受到的刺激至腦部，形成聽覺，以及控制身體平衡。
第9對	舌咽神經	負責舌頭後三分之一的味覺形成及吞嚥、嘔吐等咽喉肌肉收縮運動、具有副交感神經，可調控耳下腺的唾液分泌。
第10對	迷走神經	屬於副交感神經，支配心臟血管，使心跳變慢血管放鬆；支配腹部器官如：腸胃道，使腸胃蠕動加快。
第11對	副神經	支配咽喉部的感覺與肌肉縮放運動及肩頸部肌肉的收縮放鬆。
第12對	舌下神經	負責支配舌頭肌肉運動。

脊神經 與脊髓直接相連的周圍神經，共有31對。

頸椎神經	8對	負責控制肌肉收縮與放鬆及腺體分泌，並且接受來自頸部、肩膀、上臂與手部所傳入的感覺神經訊號。
胸椎神經	12對	負責控制胸腔與腹腔壁。
腰椎神經	5對	負責控制臀部與腿部功能。
薦椎神經	5對	負責控制生殖器與消化道的功能。
尾椎神經	1對	負責控制尾骨。

人的感官：眼

光線是視覺的來源

我們透過雙眼看到了世界上的萬物。肉眼可看見的物體皆是利用可見光形式進入眼球，透過晶體的折射，在視網膜感光，刺激感受器細胞，傳遞神經訊號至大腦皮質的視覺區，解析訊號形成視覺。

◉ 眼球的構造

我們的雙眼左右對稱各有一顆，為偏橢圓的構造，外有六條小肌肉控制著眼球的運動，若因神經麻痺或其他可能的病變，造成肌肉失控，就會使兩眼無法同時直視，而導致「斜視」。眼球最外層的眼球壁有三層膜狀構造，最外層為「鞏膜」，即俗稱的眼白部分，能保護眼球內部並維持形狀。而其前面部分則有透明的角膜，即黑眼珠的部分，是光線進入眼球的起點。中間層為「脈絡膜」，含有許多供應眼球營養與運送代謝廢物的微血管，其前方為虹膜，中心處有個開口即為瞳孔。虹膜可以收縮放鬆，藉此調整瞳孔的大小，例如在光亮處虹膜會收縮，使瞳孔較小，減低強烈光線的進入。而在瞳孔後方呈扁平透明的晶狀體即為「水晶體」，其透明度會隨著年齡增加而減低，因此而容易產生老花眼及老年白內障。

眼球壁的最內層則是「視網膜」，裡頭布滿感光細胞（視錐細胞、視桿細胞）及神經纖維，是能看到物體樣貌——「呈像」的重要位置，其與水晶體之間相連的玻璃體，是呈像過程中維持光線正常穿透的結構，因此此處若產生形變，就易導致所謂的「視網膜剝離」，嚴重將導致失明。

◉ 視覺如何形成

眼球的視覺形成方式就如照相機的成像原理。光線透過角膜（照相機鏡頭蓋）進入眼球後，經由水晶體（凸透鏡）球面折射最後會聚於視網膜（底片），視網膜上的感光細胞可將外界可見光強弱訊號轉為神經電位訊號，沿著視網膜的神經纖維傳遞。這些神經纖維最後會匯集成一條視神經，離開眼球後，左、右眼的視神經會各別向頭後方延伸，並於後方處交叉，稱為「視神經交叉」，最後終止於大腦視丘。

因視神經交叉的緣故，便使得由左眼所見的所有訊號都傳入了右半腦，由右半腦整合；反之，由右眼所見的訊號則是傳入左半腦，由左半腦來整合。最後，視覺訊號會再由大腦視丘傳至頭部後方的大腦皮質區（枕葉的初級視覺皮質區），進行如輪廓、形狀大小等更細緻的視覺影像處理，形成視覺。

視覺的形成

刺激
眼睛看物體

光穿透

①**角膜**

經過

②**水晶體**
光線在此折射。

經過

③**玻璃體**

光落在

④**視網膜** 裡頭布滿感光細胞及神經纖維。光線折射至此處，感光細胞會將光線強弱訊號轉為神經電位訊號。

傳入

⑤**視神經** 傳送電訊號，經過視神經交叉：右眼的視神經傳入左腦視丘、左眼的視神經傳入右腦視丘，初步整合訊息。

進入

大腦視覺皮質區 整合訊息，並進行如輪廓、形狀大小等更細緻的視覺影像處理。

產生

視覺

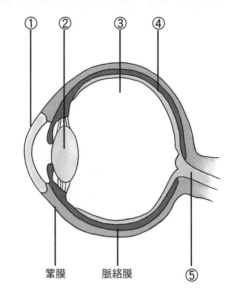

① ② ③ ④

鞏膜　　脈絡膜　　⑤

Info 可見光是什麼？

可見光是指肉眼可分辨，波長約為370～740奈米的光波，太陽和一般的白燈泡是主要的光源提供者，約150種顏色，包含常見的紅、橙、黃、綠、藍、靛、紫七色。

71

耳朵能產生聽覺與平衡感

聽覺與學習、語言發展、人際溝通有關，若有聽覺障礙將會在這些方面產生重大的影響。人耳是透過聲波在耳道內傳送經由前庭耳蝸神經，將神經訊號傳至大腦形成聽覺，並控制身體姿勢的平衡。

○ 耳朵的構造

我們從外觀上可以看到耳朵，其實指的是「外耳」，從外面看不到的還有「中耳」及「內耳」，由這三部分組成了耳朵，才能完整收集環境中的聲波，讓我們能感受到聲音。由外耳傳來的聲波可以振動中耳的鼓膜，將聲波往內耳處傳送，傳送過程中會振動中耳內、前後銜接在一起的三塊小骨：槌骨、砧骨和鐙骨，才能將聲波繼續傳遞入內耳中。

中耳腔內有空氣，下方有耳咽管與咽喉相通，平時關閉，但在咀嚼或吞嚥時會打開，以平衡鼓膜內外兩側的氣壓。不過，若病菌從耳咽管進入中耳內（例如感冒病菌），就會引起發炎症狀，而導致所謂的「中耳炎」。

○ 聽覺如何形成

聲音經由外耳道進入到內耳，其聲波的頻率會先經由中耳的空腔而放大；隨後，此聲波會振動刺激了耳蝸內的聽覺感受器——柯蒂氏器，此感受器中具有毛細胞，即細胞上有細毛，能接收聲波變化，促使細胞膜上的離子通道開關，產生動作電位訊號，再由神經傳至大腦整合來產生聽覺。

○ 平衡感的維持

人體習慣於二度平面空間的活動（例如：左右轉頭），這是因為內耳中的半規管前庭器（構造中充滿與細胞外液成分類似的內淋巴液）會負責人在軀體不動、靜止時，感知頭部的位置和移動的靜態平衡。假若頻繁地做三度空間的活動，例如跑步、蹲下再站起來、平躺再坐起來等上下的移動時，內耳中的半規管的內淋巴液就會受到刺激而晃動，易產生暈眩的感覺。

不過，透過內耳中的三個半規管，以及大腦協同小腦的作用（參見98），則能使身體姿勢改變時保持動態平衡。這三個相互垂直的半規管，分別處在三個不同的平面，因此當頭部往任何方向轉動時，至少其中一個半規管會受內淋巴液流動的刺激，進而使刺激訊息能藉由神經傳入大腦整合，感受到頭部在轉動，而適時的修正神經傳導，帶動眼睛轉動而直視前方，這些動作可避免讓人暈眩。

聽覺與平衡覺的產生

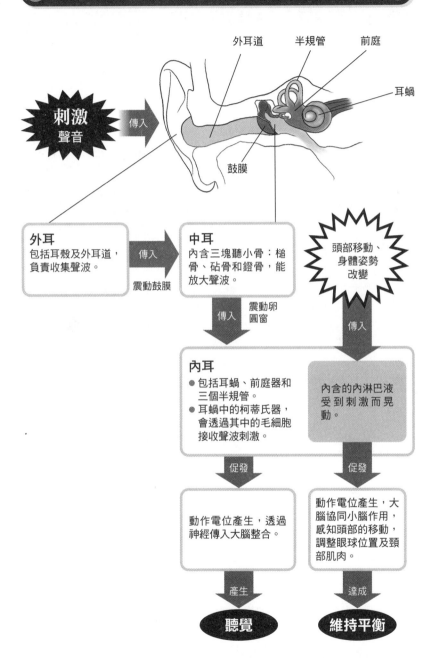

外耳道　半規管　前庭

耳蝸

刺激
聲音

傳入

鼓膜

外耳
包括耳殼及外耳道，負責收集聲波。

傳入

震動鼓膜

中耳
內含三塊聽小骨：槌骨、砧骨和鐙骨，能放大聲波。

傳入　震動卵圓窗

頭部移動、身體姿勢改變

傳入

內耳
● 包括耳蝸、前庭器和三個半規管。
● 耳蝸中的柯蒂氏器，會透過其中的毛細胞接收聲波刺激。

內含的內淋巴液受到刺激而晃動。

促發

促發

動作電位產生，透過神經傳入大腦整合。

動作電位產生，大腦協同小腦作用，感知頭部的移動，調整眼球位置及頸部肌肉。

產生

達成

聽覺

維持平衡

鼻子的嗅覺功能

我們仰賴鼻子聞出食物的香氣、玫瑰的花香等不同的氣味，因此鼻子除了是呼吸系統的一部分外，也負責了嗅覺的神經訊號傳導，將氣味刺激傳至大腦整合，才讓人得以感受出不同的氣味。

● 鼻子的構造

　　鼻子對外的開口稱為鼻孔，鼻孔讓空氣進入鼻腔內，鼻子左右各有一空腔，被鼻中隔隔開，鼻腔內長有鼻毛，其作用是吸收及過濾空氣中飄浮的氣味分子、塵埃及雜質，鼻腔壁有黏膜，可分泌黏液幫助溼潤吸入的空氣，並黏附吸入的塵埃及雜質。鼻腔內後方是「鼻竇」，位於鼻子兩側的顴骨下，是一個平時充滿空氣的空腔，可以緩和臉部遭受撞擊受傷及協助發生共鳴的結構，但空氣中的細菌、病毒及過敏原則易誘發產生「鼻竇炎」，嚴重者還會阻塞呼吸通道，影響正常呼吸。

　　鼻腔連接咽喉，並與消化系統共用管道，再分支進入呼吸系統至肺部，因此一邊進食打噴嚏時，食物就有機會從鼻子跑出。而且感冒或有過敏原如花粉刺激時會一直分泌鼻水，過多的鼻水便有機會順著咽喉流入消化管道，即為「鼻水倒流」的現象，尤其在夜晚躺著睡覺時更容易發生。

● 嗅覺如何形成

　　負責接收氣味刺激的嗅覺感受器位於鼻腔內的嗅上皮中，嗅上皮則位於鼻孔進入鼻部七公分的鼻黏膜處。食物的氣味分子或其他化學性分子經由呼吸進入鼻腔後，這些分子會溶解在鼻黏液中，使嗅上皮中的嗅覺感受器能接收到刺激。

　　嗅覺感受器稱為「嗅細胞」，在人體當中約有四千萬個，可區分三千至一萬種氣味，而這些氣味分子會與嗅細胞內的嗅纖毛上特殊接受器（蛋白質受體）結合，而促發細胞膜上的離子通道開啟，改變電位，而產生動作電位訊號，並將此神經訊號沿著嗅神經傳入大腦皮質額葉下方的嗅球位置，整合氣味訊息（整合不同的氣味分子所帶來的感受），而產生嗅覺。不過感冒的時候，因為鼻水大量分泌阻礙氣味分子與嗅覺感受器接觸，所以會有嗅覺遲鈍的現象，而不易感受到氣味。

　　另外，與嗅覺有關的神經訊號也會傳遞到腦部情緒控制相關的「杏仁核」與形成記憶的「海馬迴」等部位，所以當我們聞到某些氣味時，可以想起與這個氣味相關的記憶及情緒反應。

嗅覺的形成

空氣中的
化學性分子

↓ 進入

鼻腔

化學性分子溶解於鼻黏液。

↓ 刺激

嗅覺感受器（嗅細胞）

氣味分子會與嗅細胞內的嗅纖毛上
特殊的接受器結合，而引發興奮性
的動作電位訊號。

↓ 經由

嗅神經

傳遞電訊號。

↓ 傳至

大腦中的嗅球

整合訊息：整合不同氣味分子帶來
的感受。

↓ 形成

嗅覺

嗅細胞

氣味分子

感冒時，大量的鼻水會阻礙
氣味分子與接受器的結合

↓ 導致

嗅覺遲緩

◯ 人的嗅覺盲點

人無法聞出某些氣味，這即為人的嗅覺盲點，稱為「嗅盲」，而這類物質據
今研究約有五十多種。假設對某物質產生嗅盲，即代表在嗅細胞上缺乏對該
物質的接受器，此種嗅盲是屬於先天的，每個人都是如此。此外，有一些嗅
盲是後天產生的，例如老年人神經傳導退化、或是在大腦額葉產生腫瘤便會
影響到我們的嗅覺功能而產生嗅盲。

味蕾豐富了味覺感受

我們能恣意的品嚐各種美食，仰賴於味覺的形成。食物中的化學分子藉由和口腔舌頭上味蕾結合，產生不同神經動作電位傳遞至腦部形成味覺，感受食物中酸、甜、苦、鹹、鮮、辣等各種味道。

◯ 舌頭構造及味覺感受器味蕾的分布

舌頭是由口腔中一束肌肉群所組成，除可幫助發聲及食物的攪拌混合外，舌頭上一個個突起的味蕾（感受器細胞）因可與食物化學分子結合，興奮味蕾上不同味細胞產生動作電位，進而在腦部產生味覺，讓人有了味覺感受。味蕾上的味覺感受器在舌頭各處分布不均，呈現舌尖兩側的味蕾負責感受甜味及鹹味、舌頭中間味蕾負責辣味、舌頭兩側味蕾對酸味敏感、舌根味蕾對苦味最敏感的情形。

目前研究指出人約有十三種味覺感受器，可分辨酸、鹹、甜、苦、鮮這五種基本味覺。這些味覺源自於食物中化學分子，像是酸味與食物中的氫離子含量多寡有關，氫離子愈多就愈酸；鹹味與食物中的鈉離子濃度有關，含鈉離子愈多的食物愈鹹；甜味是食物中多種有機物如蔗糖、胺基酸混合而成；苦味則與一些食物、毒物或藥物常含有奎寧、咖啡因這些生物鹼有關；鮮味是與麩氨酸鹽有關，例如海鮮食物中含量較多，其有別於其他四種味覺，是一種令人身心愉悅的味覺感受。不過有趣的是，根據對單一味蕾的研究發現，當食物中的味道濃度較低時，人的味蕾只會對其中一種味覺反應，但高濃度時，大部分的味蕾就可被二種以上的基本味覺刺激而產生感受，因此人能感受到混合於食物中的多種味道。

◯ 味覺如何形成

吃東西的時候，舌頭味蕾上的味覺感受器會與食物化學分子結合，進而產生興奮性的動作電位，傳入大腦，其中舌頭前方三分之二的動作電位會先傳入三叉神經，再傳入顏面神經（參見P69）；舌背及口腔喉部後端的動作電位是傳入舌咽神經；而舌根及咽部其他少數的動作電位會傳入迷走神經，這些味覺動作電位先傳至腦幹，再傳至視丘初步整合，最終傳至大腦頂葉皮質的體感覺區，進行更細膩的訊息整合，而形成味覺感受。

同時，這些味覺動作電位也會在腦幹整合時，促進腦幹的反射，使頷下腺、舌下腺及耳下腺三對位於口腔周圍的腺體分泌唾液，以幫助澱粉食物分解及食物化學分子與味覺感受器的結合。

味覺的形成

吃東西

食物進入

口腔

食物中的化學分子會與舌頭上的味蕾結合，刺激味蕾上的味細胞（味覺感受器）。

味覺感受器的分布位置

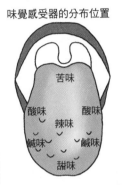

苦味

酸味　　　　酸味

辣味

鹹味　　　　鹹味

甜味

一個味蕾

味細胞

神經

引發

動作電位產生，經由神經傳遞刺激訊息。

舌頭前方三分之二	經由	三叉神經傳入	傳入	顏面神經
舌背及口腔喉部後端	經由	舌咽神經		
舌根及咽部	經由	迷走神經		

經由

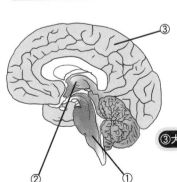

③

②　　①

① 腦幹 傳遞電訊號

傳入

② 視丘 初步整合訊息

傳入

③ 大腦頂葉的體感覺區 更細膩的訊息整合

產生

味覺

指尖的觸覺最敏銳

生活中我們常藉由「碰觸」感受許多事物，這歸功於皮膚上有能接收到觸覺、痛覺、冷熱覺等的感覺接受器，不僅讓人能對外在環境事物有不同程度的感受，也能在緊急情況下，快速感受而做出回應，避免受傷。

● 皮膚的感覺接受器

　　皮膚的冷熱覺、觸覺及痛覺須透過皮膚真皮層中的感覺接受器，將接收的刺激傳遞至大腦，才能讓人有所感受。而這些感覺接受器依其功能的不同，在身體不同部位的皮膚中，分布有不同的型態及數量，通常在指尖分布的感覺接受器型態種類及數目最多，因此指尖的觸覺最為敏感。皮膚中的感覺接受器主要有為「游離神經末梢」、「梅斯納氏小體」、「莫克爾氏圓盤」、「路菲尼氏末梢」和「巴西尼克氏小體」等種類。游離神經末梢型態像是神經纖維末端有分岔可接受皮膚冷熱差異及疼痛的刺激，在大腦皮質形成冷熱覺及痛覺的感知。

　　除了游離神經末稍外，其他的皮膚感覺接受器都是與觸覺有關。梅斯納氏小體：存在於不具毛髮的皮膚部分，特別是指尖及嘴唇，對低頻率的震動特別敏感，可感受在皮膚表面物體移動的感覺，例如觸摸衣服時，可讓人感覺衣料是否光滑。莫克爾氏圓盤：末端具有膨大的接收器，負責感受皮膚上持續接觸的物體，例如物體在皮膚上造成的壓覺。路菲尼氏末梢：位於皮膚深層，為具有分支且有囊膜的特化神經末梢，能接收長時間的觸覺及壓覺。另外，位於關節囊（在關節的周圍）也含有很多此種接受器，目的是協助發送關節旋轉程度的訊號。至於，巴西尼克氏小體則存在於皮膚之下，或深處的筋膜組織，負責偵測皮膚組織快速的震動感覺。

● 皮膚感覺如何形成

　　皮膚上的感覺接受器在接受刺激後，會促使細胞膜上的離子通道開啟，誘發接受器產生興奮性動作電位，這些電訊號便沿著分布在皮膚上的傳入神經向上傳遞至脊髓及大腦體感覺皮質，形成感覺並做出反應。傳入神經可分成有包覆髓鞘且傳遞速度快的Aα、Aβ、Aγ及Aδ四種神經；及無包覆髓鞘傳遞速度慢的C神經。除了游離神經末梢所負責的冷熱覺及具灼熱感的痛覺藉由C神經傳遞神經訊號至中樞外，其他感覺接受器的神經訊號皆是由A種類的神經傳遞至中樞，以快速地傳遞刺激，讓人能感受到皮膚細微觸感的變化及所受刺激的精確位置。

皮膚上的感覺如何產生

皮膚上的感覺接受器

刺激
例 手指觸碰東西

傳入

莫克爾氏圓盤
負責接收觸覺中的壓覺，皮膚上持續接觸的物體。

游離神經末稍
負責接收冷熱覺及痛覺。

路菲尼氏末梢
負責接收長時間的觸覺及壓覺。

巴西尼克氏小體
負責接收皮膚組織快速的震動感覺。

梅斯納氏小體
多存在不具毛髮的皮膚中，負責接收皮膚表面物體移動的感覺。

引發

動作電位形成，傳入神經：

| 觸覺、壓覺 | 傳入 | A神經：具有髓鞘傳遞速度快。 |
| 冷熱覺、具灼熱感的痛覺 | 傳入 | C神經：不具髓鞘傳遞速度慢。 |

經由

脊髓

傳至

大腦頂葉體感覺皮質區

皮膚感受到冷熱覺、痛覺或觸覺

新技術讓治癒老年神經性退化疾病
有了新希望

　　大腦掌握了人能思考、記憶、運動及產生情緒的功能，近年來由於科技的進步，人們得以藉由儀器，以不侵入人體的方式，觀察大腦功能並幫助神經退化性疾病的診斷，最常使用的就是「功能性腦核磁共振造影（fMRI）」，藉由蒐集患者在描述記憶時的大腦電訊號或各腦區血流變化量，來觀察有記憶失常問題的神經退化性疾病患者，腦部與記憶有關的海馬迴結構是否有異常。

　　阿茲海默症與巴金森氏症是65歲以上的老年人最易罹患的兩種神經退化性疾病，其中阿茲海默症可能因分泌乙醯膽鹼的神經細胞退化，及神經細胞在合成整體蛋白時出錯，造成澱粉樣蛋白斑在腦部神經細胞堆積等，影響正常神經功能，如無法形成短期記憶，隨著病程惡化患者會產生注意力缺失、焦慮、睡眠恐慌及認知功能障礙，記憶力日漸減退至完全癡呆。而巴金森氏症則為一種腦部負責分泌多巴胺的神經細胞被破壞所引起的運動障礙疾病，患者會有不自覺得震顫、僵直、小碎步走路、姿勢不穩等症狀。

　　這兩種神經退化性疾病目前仍無法根治，僅能延緩病程或緩解症狀。在阿茲海默症方面，臨床上主要以「乙醯膽鹼分解酶抑制劑」進行藥物治療，藉由抑制乙醯膽鹼分解酶作用，維持乙醯膽鹼在一定固定濃度，讓神經細胞可執行記憶或認知等正常生理作用，雖然在改善患者認知和情緒的問題上已有一定的療效，但仍無法抵擋神經細胞持續退化，患者靠藥物欲回復正常生活仍有限。

　　最近國內研究發現，利用顆粒性白血球群落刺激因子（體內的一種蛋白質）可活化骨髓內的造血幹細胞，移植入神經細胞（分泌乙醯膽鹼）受損的老鼠腦中，可改善罹患阿茲海默症鼠的認知與記憶功能，此將為未來的治療提供新方向。而巴金森氏症方面則是以「左多巴」為主要治療藥物，但因藥物易產生副作用，科學家們便致力研究其他取代藥物的療法，如透過基因治療來恢復多巴胺神經細胞的活性，改善病症。另外，幹細胞移植、巴金森氏疫苗的研發，雖仍處於動物實驗階段，有待人體臨床實驗確認安全性，但因此將可能治癒這兩種神經退化性疾病，故為未來治療的新希望。

Chapter 3 肌肉收縮與反射

肌肉包覆在骨骼上，肌肉收縮帶動骨骼的移動，此種肌肉稱為「骨骼肌」；在日常生活中，大腦意識可以控制骨骼肌活動，舉凡靜態的說話、微笑及動態的走路、跑步，皆需使用到骨骼肌。另外，還有不受大腦意識控制「平滑肌」，掌控體內器官運動如腸胃蠕動、血管收縮等。

人體表裡有不同種類的肌肉

走路、跑步、心臟跳動及腸胃道的蠕動都是靠體表、體內「肌肉」的收縮,完成這些日常動作。與神經細胞類似,肌肉同樣是利用動作電位,並且需消耗能量,來促發收縮產生,使動作形成。

◉ 人體的三種肌肉

人體的肌肉不只是指手、腳四肢及軀幹上的「骨骼肌」,還有體內血管、臟器上的「平滑肌」及心臟的「心肌」三種。肌肉的收縮讓人能有力量移動物質,以調節體內環境,像是心臟的收縮跳動,提供人體足量的血液、腸道收縮蠕動可以幫助食糜的混合與推動;以及與外在環境溝通,例如讓人能搖頭、揮手、跑步等。

心肌是專指位於心臟可收縮的肌肉,而平滑肌則是指出現在各內臟器官內的肌肉,例如食道、胃、腸道、支氣管、子宮、尿道、膀胱、血管內壁,及皮膚上控制毛髮直立的這些肌肉;其收縮的快慢及強度主要是靠自主神經、激素及其他化學分子的調控,並非由大腦意識來控制,也就是不能由人自己來決定收縮的快或慢,因此這兩種肌肉稱為「不隨意肌」。

四肢及軀幹上的骨骼肌是藉由肌腱附著在骨骼的肌肉,當骨骼肌收縮時會牽動連帶的骨骼產生一連串的動作,使人能走路、運動、維持姿勢與平衡,而人能在想要走路時,腳的肌肉就能彎曲收縮開始走路,這是因為骨骼肌的收縮能受到大腦意識的控制,因此稱為「隨意肌」。

◉ 肌肉的結構與特性

不過這三種肌肉基本的組成細胞同樣都是「肌纖維」,只是細胞的型態及排列有些許差異。骨骼肌的肌纖維為圓柱狀、單一細胞中有多個細胞核,具有明暗相間的橫紋,肌纖維排列整齊,一束肌纖維組合成為肌肉,並藉由肌腱與骨頭相連。骨骼肌可由產生能量ATP多寡分為氧化型及糖解型肌肉,兩者在骨骼肌內混合排列。當進行長時間有氧運動時,氧化型肌肉會消耗體內的脂肪及氧氣,逐量產生ATP能量來供應運動所需;而當進行短時間具爆發力的運動時,能量需求大,則需糖解型的肌肉消耗較高能量的葡萄糖來供應,但因糖解型肌肉的收縮速度快、力量大,便較容易造成乳酸堆積而感到疲勞。

　　不同於骨骼肌，平滑肌的肌纖維為紡錘狀、單一個細胞僅有一個細胞核，且不具明暗相間的橫紋，其肌纖維以輕微傾斜的角度排列，因此與鄰近的肌纖維之間具有間隙，以便於傳遞收縮的動作電位。至於心肌，其肌纖維則以層狀排列，一層層堆疊、彼此緊密結合，具有橫紋且纖維間也具有間隙。不過心臟中約有1%的心肌並不具有收縮功能，而是特化為類似神經纖維，用以傳遞動作電位，使訊息能傳至具收縮功能的心肌，來產生心跳。

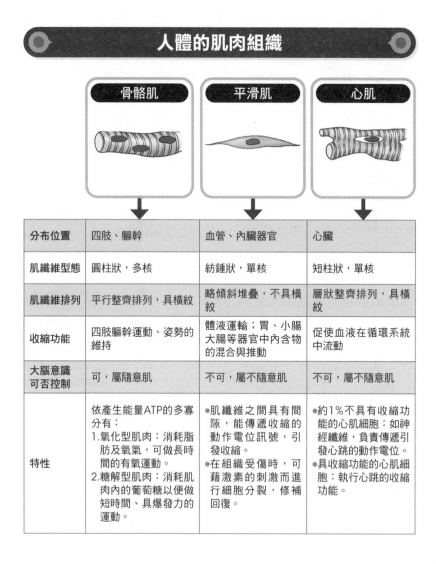

	骨骼肌	平滑肌	心肌
分布位置	四肢、軀幹	血管、內臟器官	心臟
肌纖維型態	圓柱狀，多核	紡錘狀，單核	短柱狀，單核
肌纖維排列	平行整齊排列，具橫紋	略傾斜堆疊，不具橫紋	層狀整齊排列，具橫紋
收縮功能	四肢軀幹運動、姿勢的維持	體液運輸；胃、小腸大腸等器官中內含物的混合與推動	促使血液在循環系統中流動
大腦意識可否控制	可，屬隨意肌	不可，屬不隨意肌	不可，屬不隨意肌
特性	依產生能量ATP的多寡分有： 1. 氧化型肌肉：消耗脂肪及氧氣，可做長時間的有氧運動。 2. 糖解型肌肉：消耗肌肉內的葡萄糖以便做短時間、具爆發力的運動。	●肌纖維之間具有間隙，能傳遞收縮的動作電位訊號，引發收縮。 ●在組織受傷時，可藉激素的刺激而進行細胞分裂，修補回復。	●約1%不具有收縮功能的心肌細胞：如神經纖維，負責傳遞引發心跳的動作電位。 ●具收縮功能的心肌細胞：執行心跳的收縮功能。

肌纖維怎麼引起肌肉收縮

骨骼肌與心肌皆屬「橫紋肌」，有著類似的收縮機制。其收縮的基本單位肌小節一收縮即可帶動一整束肌肉的收縮。當肌肉處於收縮或放鬆的狀態時，會使肌小節中規則排列的細、粗肌絲所形成的明暗帶產生變化。

● 肌小節是啟動肌肉收縮的單位

人的肌肉是一種組織，因此同樣由細胞所組成，其細胞為長條細絲狀的「肌纖維」，在肌纖維的細胞質中還有更細的「肌原纖維」平行堆疊，肌原纖維中分有蛋白質分子組成不同粗細的「粗肌絲」和「細肌絲」，均是橫向交替堆疊，因此骨骼肌又稱為「橫紋肌」。

這些橫紋在肌原纖維上還呈現一段段重複排列的樣貌，每一段稱之為「肌小節」，是一般觀察骨骼肌收縮的基本單位。每段肌小節的中段，是由粗、細絲平行、重疊排列，形成一個較寬且顏色較深的區段，稱為「暗帶」。在肌小節的兩端有同樣為蛋白質成分、與粗、細肌絲垂直的結構，稱為「Z線」，可說是各肌小節的分隔線，細肌絲附著於Z線上，靠近Z線兩端的細肌絲區段則是「明帶」。在肌肉放鬆時不會與粗肌絲重疊。當肌肉收縮時，兩側明帶會往中間移動，使細肌絲和粗肌絲完全重疊，因此明帶就會消失；但當肌肉再放鬆時，Z線又會拉著細肌絲往兩側移動，明帶就會再出現。

● 肌纖維相互滑動引起肌肉收縮

人體即是透過粗、細肌絲的相互滑動，拉緊又放鬆，使明暗帶產生變化，來達成收縮肌肉而運動。其中，肌小節中的暗帶處、與細肌絲平行重疊的「粗肌絲」，是由多個稱為「肌凝蛋白」的蛋白質分子黏接組合，每個肌凝蛋白會向側邊延伸出兩個球狀圓體（稱為頭部），這兩個頭部代表兩個結合位置，一個會與肌動蛋白結合，另一個則與能量分子ATP結合，來啟動收縮及提供肌肉收縮所需的能量。

肌動蛋白即是細肌絲的組成分子，且在肌動蛋白鏈上還穿插附著一種蛋白分子，稱為「旋轉素」，其每分子均具有鈣離子的結合位，當肌肉放鬆時，細肌絲肌動蛋白上與粗肌絲肌凝蛋白（頭部）的結合位是遮蔽的，當欲使肌肉收縮時，須有鈣離子與旋轉素上的結合位結合，才能將遮蔽物移開，讓肌動蛋白能與肌凝蛋白（頭部）結合，執行收縮。

肌肉收縮的基本結構

肌肉（組織）

組成 → 肌纖維（細胞） 細胞質中含有肌原纖維

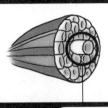

一條肌原纖維 可見一段一段的肌小節

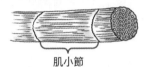

肌小節

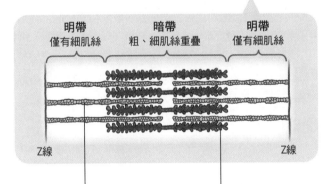

明帶	暗帶	明帶
僅有細肌絲	粗、細肌絲重疊	僅有細肌絲

Z線　　　　　　　　　　　　　　　　　Z線

細肌絲

由肌動蛋白串連組成，並穿插有旋轉素。

旋轉素

肌動蛋白分子

粗肌絲

由肌凝蛋白組成，每分子的側邊延伸出兩個球形圓體（頭部）。

肌凝蛋白分子

鈣和ATP是肌肉收縮必備的養分

肌肉收縮是藉由肌小節內肌凝蛋白與肌動蛋白兩分子的結合，及消耗ATP產生能量來拉動肌絲，並以周而復始的「橫橋週期」，持續滑動肌絲，來達成整塊肌肉的收縮。

◉ 如何滑動肌絲

　　啟動肌肉收縮的先決條件是必須讓細肌絲的肌動蛋白與粗肌絲的肌凝蛋白結合。當運動神經傳來肌肉收縮訊息（動作電位）時，肌原纖維會釋出鈣離子，使其能與旋轉素結合，而移走肌動蛋白上遮蔽物，露出上頭的結合位置，使肌凝蛋白上其中一個頭部能與結合位置結合。此時，肌凝蛋白上另一個頭部（具有ATP結合位置與水解ATP酵素）會與ATP結合，促使ATP水解以供給滑動肌絲所需的能量。因此在引發肌肉收縮上，鈣離子及ATP能量分子都扮演關鍵性的角色。

◉ 橫橋週期

　　粗肌絲的肌凝蛋白頭部與細肌絲的肌動蛋白相連接的部位，稱為「橫橋」。自兩者結合，一直到水解消耗ATP，引起肌絲滑動，再接上一個ATP分子，使橫橋打開，這樣的過程會重複循環進行，以持續拉動細肌絲的肌動蛋白分子朝向肌小節中央，直到肌小節中的明帶消失，達成一整塊肌肉的收縮；這樣重複循環的過程即稱為「橫橋週期」。

◉ 鈣離子的來源

　　傳達肌肉收縮訊息的鈣離子，在肌肉放鬆時會儲存在肌原纖維的內質網中，特稱為「肌漿網」。當運動神經傳給肌肉細胞興奮性動作電位時，電訊號便也傳到了肌漿網，使網上的電位感受性鈣離子通道開啟，儲存於內的鈣離子便從肌漿網中釋出至細胞質中，使肌細胞質內的鈣離子濃度上升，進而與旋轉素結合，開啟使肌肉收縮的橫橋週期。

　　收縮作用完畢後，鈣離子會從旋轉素上移除，成為游離的鈣離子，而與原先多餘的鈣離子會再經由肌漿網膜上的主動運輸幫浦運送，重新回到肌漿網中儲存，以供應下一次的收縮作用所需。

肌肉收縮的原理

運動神經的
動作電位

例如 手欲提起一袋東西時，腦會傳遞神經動作電位的命令給運動神經。

傳入

肌原纖維

觸動肌漿網上的電位感受性鈣離子通道，使通道開啟。

鈣離子進入

細胞質

鈣離子濃度上升，與細肌絲上的旋轉素結合。

開啟

橫橋週期

Step1 肌凝蛋白頭部酵素水解ATP變成ADP。肌凝蛋白的頭部縮回，等待與肌動蛋白分子上的結合位置結合。

Step4 肌凝蛋白的另一頭部與ATP結合後，肌凝蛋白的頭部會與肌動蛋白分子分離。

Step2 鈣離子進入後，細肌絲上的肌動蛋白分子露出結合位置，與粗肌絲上肌凝蛋白其中一個頭部結合。

Step3 肌凝蛋白頭部的酵素再將ADP水解並旋轉頭部45度角拉動肌動蛋白，造成肌肉收縮。

導致

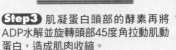
由一段段肌小節收縮，帶動一整塊肌肉的收縮。

例如 手臂的肌肉收縮，提起物品。

骨骼肌的收縮

大腦下達肌肉收縮的命令

人體的骨骼肌是否收縮，可由大腦中樞下達命令而執行。期間人體必須交替藉助運動神經的電位變化或釋放化學傳遞分子（鈣離子或乙醯膽鹼），將神經中樞傳來的收縮訊息傳入肌纖維，以啟動收縮機制，達成肌肉收縮。

○ 神經如何支配肌肉收縮

由大腦的運動皮質區發出、支配骨骼肌收縮的運動神經元，或稱傳出神經（參見P67）直徑最大的軸突，能毫無延遲、快速傳遞來自神經中樞的動作電位至骨骼肌纖維。

這些延伸至骨骼肌纖維的運動神經元，在軸突末端會有許多分支，同時與多條肌纖維連接，使得單一條運動神經元就能支配多條肌纖維，而此由一條運動神經元所支配肌纖維範圍，稱為一個「運動單位」。由於單一運動單位內所有被支配的肌纖維（屬於同一塊肌肉），是透過接收運動神經元傳遞而來的動作電位，來引起各肌纖維的興奮（改變其膜電位），導致收縮作用形成，此促發肌肉收縮的方式稱為「興奮-收縮偶合」。

○ 肌肉接收來自神經的化學訊號

運動神經元的軸突末端與骨骼肌纖維接觸之處有著類似突觸的特殊構造，特稱為「神經肌肉聯結」，而與軸突末端後相接的骨骼肌纖維，稱為「運動終板」。當電訊號一路自中樞傳至軸突末端，電位變化將刺激細胞膜上的電位感受性鈣離子通道打開，使鈣離子進入軸突末端中，刺激末端內含有乙醯膽鹼的囊泡將乙醯膽鹼釋放至神經肌肉聯結（參見P10），並擴散移動而與運動終板上的接受器結合。

運動終板上具有鈉離子和鉀離子通道，當乙醯膽鹼與接受器結合後，便打開了通道，使鈉離子流入細胞、鉀離子流出細胞，改變運動終板的膜電位，進而引起動作電位，開啟肌肉收縮的分子機制：電訊號引起肌漿網上的鈣離子通道開啟開始，終使骨骼肌纖維能全力收縮。

Info **一條肌纖維能產生多少張力**

人體的骨骼肌能產生多少張力，取決於同一時間內每個肌纖維收縮產生多大的張力及參與收縮的肌纖維數目。單一肌纖維力量的產生則多取決於它的直徑大小，就如糖解型肌纖維直徑較氧化型粗，所以糖解型肌肉收縮可產生很大的力量，執行如舉重等短時間就需要較大力氣的運動。另外，同一時間一起收縮的肌纖維數目愈多，產生的力量也就愈大。

大腦如何控制骨骼肌的收縮

**大腦運動皮質區
以動作電位發布命令**

例如 跳舞時，大腦發布
右腳彎曲的命令。

沿著運動神經元
傳至

鈣離子

神經軸突

囊泡

運動終板
（骨骼肌
纖維）

乙醯膽鹼

運動神經元
的軸突末端

鈣離子湧入軸突末端處
動作電位使細胞膜上的電感受
型鈣離子通道打開。

導致

**乙醯膽鹼釋放至
神經肌肉連結處**
鈣離子推促包裹有乙醯膽鹼的
囊泡進行胞吐作用。

擴散至

運動終板（肌原纖維）

乙醯膽鹼與運　引發　鈉離子及鉀離子　導致　膜電位改變，
動終板上的接　　　通道開啟，離子　　　促發動作電位
受器結合。　　　　進出細胞。　　　　　形成。

傳至

肌漿網

動作電位開啟了肌
肉收縮機制（參見
P87）：

肌漿網釋放鈣離子 → 鈣離子與細肌絲上旋轉素結合

啟動橫橋週期 ← 肌凝蛋白與肌動蛋白結合

肌肉收縮達成

 例如 右腳肌肉收縮，使右腳彎曲。

胃腸如何收縮蠕動

分布於體內血管及臟器外壁的平滑肌，其收縮的目的是協助血液流動及臟器運動，如腸胃道消化運動。因平滑肌纖維與骨骼肌的結構及纖維的排列方式不盡相同，使其收縮的原理也異於骨骼肌。

○ 平滑肌收縮的原理

　　平滑肌是體內血管及胃、小腸、腎等臟器外壁的肌肉，其收縮機制與骨骼肌同樣皆須利用肌動蛋白及肌凝蛋白之間的橫橋週期來滑動肌絲而收縮（參見P87），也需要由鈣離子來調控肌絲的活性。然而不同於橫紋肌平行排列，平滑肌纖維是以傾斜交叉方式排列，而呈現出如天然菜瓜布曬乾後一團絲瓜絨樣子的緻密體，附著於細胞膜內側，以立體網狀的形式連接在一起，這些緻密體相當於骨骼肌肌小節的Z線。

　　平滑肌的收縮，必須先有負責攜帶鈣離子「攜鈣素」及位於肌凝蛋白上、能磷酸化ATP釋出能量的「輕鏈激酶」協助；當平滑肌纖維細胞接受到神經訊號，促使肌纖維細胞質內的鈣離子濃度上升後，攜鈣素會與鈣離子結合，攜帶著鈣離子再與肌凝蛋白上的輕鏈激酶結合，而磷酸化ATP釋出能量，供給肌動蛋白能量而滑動肌絲，重複橫橋週期，達成血管或臟器肌肉收縮產生張力。

○ 影響平滑肌收縮的因子

　　興奮活化骨骼肌產生收縮主要是透過支配肌肉的運動神經，但平滑肌卻有多種可支配其收縮的因子，這些因子為自主神經末梢分泌的物質包括神經傳導物質、激素等其他化學物質，當然還有每天都要進食的機械性因子，這些因子有的會促進收縮，有的會抑制，平滑肌的收縮狀態便取決於促進及抑制因子的相對強度，當促進因子的刺激強過（多過）抑制因子，就會促進平滑肌的收縮，反之便抑制。

　　促進或抑制的因子會在平滑肌纖維附近釋放，藉由擴散作用至各器官與其平滑肌肌纖維細胞膜上的接受器結合，而引起作用，這樣就能對不同器官產生不同作用。例如交感神經末梢分泌的腎上腺素，擴散至腸胃附近會抑制腸胃外壁的平滑肌收縮，使蠕動變慢，但其若擴散至血管周圍，則會促進血管外壁的平滑肌收縮，使血壓升高。

平滑肌如何產生收縮

刺激因子 如神經傳導物質、激素、一氧化氮等其他化學物質及食物進入等機械式牽扯。

例如 進食時，體內的副交感神經會分泌乙醯膽鹼。

例如 緊張時，體內交感神經興奮分泌腎上腺素。

引起 **促進收縮**

引起 **抑制收縮**

抑制內質網釋放鈣離子進入肌纖維，平滑肌就無法收縮。

細胞內質網釋放鈣離子，鈣離子濃度上升。

鈣離子與攜鈣素結合，形成複合體。

攜鈣素 + **鈣**

複合體再與肌凝蛋白上的輕鏈激酶結合。

攜鈣素 + **鈣** + **輕鏈激酶**

透過輕鏈激酶不斷水解ATP，而多次循環橫橋週期。

促使

輕鏈激酶水解ATP釋出能量，讓肌凝蛋白能拉動肌動蛋白。

啟動

橫橋週期

引起

平滑肌的肌纖維收縮產生張力。

例如 促進腸胃蠕動，幫助食物的消化。

⬤ 能自行放電促成收縮的肌肉節律器

在腸胃道平滑肌及心肌纖維中，有一群具有類似神經細胞的構造在沒有任何神經或激素影響下自發性興奮產生動作電位，這種電位稱為節律器電位，每分鐘會規律的自動放電，這些細胞便稱為節律器細胞，可使器官產生規律的收縮，達到唧送血液、消化食物的目的。

修正收縮讓動作持續而穩定

人平時拿東西、走路、轉頭等動作,都有著不同程度的感覺,而人體的骨骼肌能透過其中的感覺受器,不斷將收縮後的感受,經由感覺神經傳遞反饋給中樞神經,來進行修正調整保持動作的順暢。

● 骨骼肌上有感覺受器

當拿著杯子去裝水時,隨著杯子裡的水愈來愈多,手部的肌肉便需施以更多的力氣,來拿穩杯子。因此即使由中樞神經發出命令使肌肉收縮,拿取了杯子,肌肉則還需要回饋中樞神經,拿了杯子後的感覺,以調整修正收縮的程度,動作或姿勢才得以穩定而持續。

回饋這種收縮後的感覺即是經由感覺神經來傳遞,與其連結的兩種感覺受器:肌梭與高基式肌腱器;肌梭是位於骨骼肌內部的一個梭形小體,由結締組織與骨骼肌纖維組成,能透過與感覺神經纖維末稍的連結,將拉長肌肉及收縮變化速度等感受,經由感覺神經元(此稱「Ia感覺神經元」)傳至脊髓中樞。

另外,高基式肌腱器則是一個包覆於肌腱處的感覺接受器,能藉由與感覺神經末稍的連結,將肌纖維拉動肌腱的張力及張力變化速率等感受,經由感覺神經元(此稱「Ib感覺神經元」)傳至中樞。因此藉由這兩種接受器能將肌肉收縮後的整體感覺,包括肌肉及肌腱處,傳至中樞,整合出需要更多力氣促進收縮,還是需要抑制收縮等訊息,調整收縮的狀態,而穩定動作、姿勢,或避免因過度收縮(用力)而受傷。

● 能保護人體的本體感覺

這樣能察覺身體對於姿勢、動作、位置及平衡力等呈現的狀態,稱為人的「本體感覺」,透過此感覺修正、調整接下來的動作,以免於過度或不及的收縮反應持續,而穩定動作,預防受傷。例如當腳跨出第一步,感覺到路面濕滑,此本體感覺便傳入中樞,使肌肉調整收縮的狀態,抑制收縮強度,小心走路,來避免滑倒;而平時手拿物品時,本體感覺即是讓手部的肌肉持續收縮施力,來避免物品掉落。此外,因本體感覺能感受骨骼肌(四肢)的收縮及位置,因此讓人即使在黑暗中,眼睛看不見的情形下,也能穿衣服、戴眼鏡、梳頭髮等。

微調骨骼肌的收縮

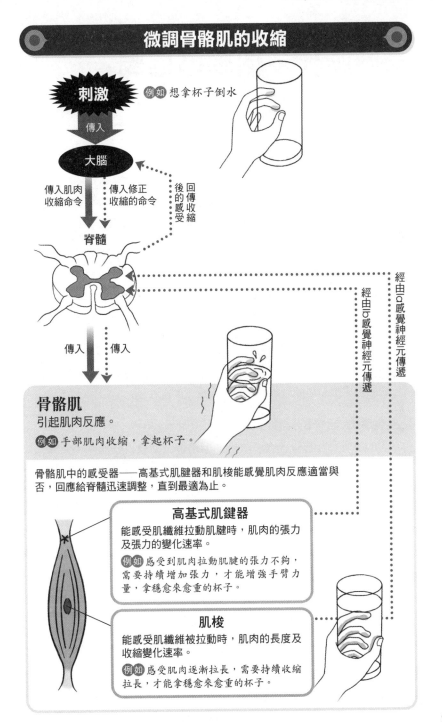

刺激

例如 想拿杯子倒水

傳入

↓

大腦

傳入肌肉 ← 傳入修正 ← 回 後
收縮命令   收縮的命令   傳 的
                         收 感
                         縮 受

↓

脊髓

經由Ia感覺神經元傳遞

經由Ib感覺神經元傳遞

傳令 ↓ ↑ 傳入

↓

骨骼肌
引起肌肉反應。

例如 手部肌肉收縮,拿起杯子。

骨骼肌中的感受器——高基式肌腱器和肌梭能感覺肌肉反應適當與
否,回應給脊髓迅速調整,直到最適為止。

高基式肌鍵器
能感受肌纖維拉動肌腱時,肌肉的張力
及張力的變化速率。

例如 感受到肌肉拉動肌腱的張力不夠,
需要持續增加張力,才能增強手臂力
量,拿穩愈來愈重的杯子。

肌梭
能感受肌纖維被拉動時,肌肉的長度及
收縮變化速率。

例如 感受肌肉逐漸拉長,需要持續收縮
拉長,才能拿穩愈來愈重的杯子。

一個動作多個腦區協調

一般日常的動作，如拿東西、走路、彎腰、拍球等，每個動作就像是電腦程式一般儲存在大腦，需要時提取出來，命令以執行。過程中還會藉由相關腦區如橋腦、小腦的反饋，將資訊提供給大腦，以及時修正，使動作更能順暢完成。

● 大腦如何控制動作產生

　　大腦中有三個與動作形成相關的皮質區，分別是初級運動皮質區、前運動區及輔助運動皮質區。每個動作的開始均是由主管啟動自主性動作的「初級運動皮質區」，將欲執行的動作訊息發布給其他必須協助執行此動作的腦區，舉例來說，拿一本書的這個動作，需要軀幹、關節及肌肉之間的配合，而此命令是由「前運動區」發布，並且還會進入腦幹中的橋腦及小腦整合平衡等感受，使動作不只是執行了，還能平穩協調的完成。另外，若欲執行的動作較為複雜，位於大腦兩個半球之間、掌管較高層級工作的「輔助運動皮質區」，就會適當地分配肢體該做什麼動作而不會互相干擾，就如左手拿書，右手翻頁，兩手不打架。而這些腦區所整合訊息，最後都再經由初級運動皮質區下達命令給脊髓，再由脊髓經運動神經傳遞訊號給動器，例如手部的肌肉，而執行拿書的動作。

● 其他協調動作的腦區

　　人的所有動作都以一套一套神經迴路像電腦程式般儲存在大腦，當要執行時便將這套動作程式取出交付給這三個運動皮質區去執行。不過為了確保動作流暢與協調地執行，由初級運動皮質區發出執行動作訊號的同時，便將訊號拷貝一份經由橋腦送至小腦。小腦除了幫助平衡外，另一項工作就是不斷的比對來自初級運動皮質所下達的命令與外界的訊號是否吻合，若有差異時，小腦會迅速傳遞修正的訊號給大腦再判斷，並告訴脊髓及腦幹該如何調整動作，例如打棒球，打擊者面對投手投出的球時，小腦須不斷將外界的情況傳至大腦，以計算判定何時該揮棒打擊，並將揮棒的命令經初級運動皮質區傳至脊髓，使手部肌肉收縮做出揮棒動作。

　　其間，經由大腦運動皮質區傳至其他部位如小腦、橋腦的訊號，都會經過像是神經訊息傳遞的中繼站—視丘，這裡有許多可分泌激素的腺體，可依照傳輸的訊號調控體內的激素分泌，如準備揮棒的瞬間，打擊者的腎上腺素一定是升高的，以提高警覺、全力出擊；因此人體即能併以神經與內分泌系統協調著我們的日常活動。

腦部如何協調人體動作

 **刺激** 想做什麼動作

傳入

經由運動神經

大腦的初級運動皮質區
- 掌管自主性動作的啟動。
- 負責整合訊息、發布啟動動作的訊號。

傳入 → **脊髓** → 傳入 →

動器
執行動作。
例如 舉起腳、手放下等。

通知各腦區　傳入

大腦的輔助運動皮質區
掌管較高層級的工作，適當的分配動作。
例如 分配左、右手各別的動作。

大腦的前運動皮質區
協調動作執行時，軀幹、關節及肌肉之間的配合。
例如 右腳要抬高、身體要側一邊。

傳入　傳入

視丘
- 訊息中繼站。
- 激素分泌的控制中心。

傳入

小腦
- 保持平衡。
- 比對現場球傳來的狀況和目前大腦所執行的命令。

將命令執行的動作訊息，拷貝一份傳入小腦

傳入整合及比對後的訊息

打棒球時，各腦區如何分工、協調動作：

①準備中，隨意揮棒做練習

②投手準備投出球

③投手丟出球，打擊出去

- 初級運動皮質區會發布要準備打球了。
- 前運動皮質區命令手伸直或彎曲、腳站穩。
- 輔助運動皮質區命令左、右手抓好球棒，雙腳前後站好。
- 小腦會維持動作的平衡。

- 前運動皮質區協調手和腳擺放的位置，以及身體必須轉向一側、頭朝向前方。
- 小腦開始比對現在投球的情形和目前的動作是否相符。
- 視丘會分泌激素，以提高警覺、準備全力出擊。

- 輔助運動皮質區會計算投手的球有多快，以決定揮棒時機。
- 小腦開始比對球來的情形和目前的動作是否相符，以及維持平衡。
- 前運動皮質區命令身體轉動、手彎曲。
- 視丘繼續分泌激素，以大力揮棒。

肌肉一縮一鬆協調四肢動作

日常我們能姿意伸展、活動，其實是在人體多項反射運作的完美配合下達成。當行動控制中心——大腦下達各式的命令給脊髓去執行後，會藉由四肢中各別的管理站反饋資訊給大腦做修正，使動作不只是執行了，還能在不傷及骨骼肌肉的情況下順暢地完成。

◎ 單邊同節反射

　　人體四肢中的肌肉，若為相連在同一塊骨頭上的，多互為拮抗肌。而拮抗的意思是當一側肌肉收縮時，相連於同一塊骨頭上另一側的肌肉則必定為放鬆，例如彎曲手臂時，上臂上方俗稱老鼠肌的二頭肌會收縮，另一側上臂下方的三頭肌便放鬆；反之，當我們伸直手臂時，二頭肌放鬆，三頭肌收縮。

　　例如讓手臂持續的彎曲與伸直的「單邊同節反射」理論；當我們試著舉起重物時，手臂彎曲故二頭肌收縮，此時拉動肌腱處的高基式肌腱器產生神經訊號，藉由Ib感覺神經傳至脊髓後，除了透過脊髓傳遞抑制性訊號給二頭肌，使其放鬆避免過度收縮的保護機制外，同時透過位於同一節脊髓傳遞興奮性神經訊號給三頭肌，使三頭肌收縮而伸直手臂，放下重物。簡單來說，二頭肌收縮，張力增加，會誘發「單邊（同側）同節反射」，使二頭肌放鬆同時，拮抗肌即三頭肌便收縮，因此人體即是藉此反射作用，達成單手的各項動作。

◎ 雙邊多節反射

　　或許我們曾有過這樣的經驗：當右腳踩到尖物時，除了會立刻縮回，左腳也會馬上伸直站穩。這樣的動作是基於「雙邊多節反射」的形成，是體內避免傷害的一種機制。當右腳趾藉由感覺神經將踩到釘子的訊號送入脊髓時，脊髓會下達指令分成四條路徑進行，同時使右腳縮起，左腳伸直，以維持平衡不因踩到尖物又跌倒受傷。這四條路徑，有兩條傳達到右腳，使右腳的後側伸肌放鬆，前側屈肌收縮，使右腳抬起；反之，另外兩條傳達到左腳，使左腳後側伸肌收縮，前側屈肌放鬆，左腳即伸直幫助身體平衡。因管控左右雙腳伸肌與屈肌的運動神經來自不同節的脊髓，故此反射稱為「雙邊（不同側）多節反射」。而平時邁開步伐走路即是大腦利用這一套反射的神經迴路，加以修改，下達命令給脊髓不斷發出訊號，重複執行而成，因此能有意識地朝向某個方向走去。

四肢如何自在活動

由同一節脊髓下達命令，能執行身體單側的肢體動作。

單手肌肉

例如 手臂肌肉
二頭肌收縮，三頭肌必放鬆，才能使手臂彎曲。

二頭肌

三頭肌

單腳肌肉

例如 小腿肌肉
上側屈肌收縮，後側伸肌必放鬆，使腳抬起。

後側伸肌

上側屈肌

單邊同節反射

由多節脊髓同時下達命令，能協調身體兩側肢體的擺動。
例如 走路時雙手及雙腳的協調。

右手肌肉
二頭肌收縮拉緊，三頭肌即放鬆，手舉起。

左手肌肉
三頭肌收縮拉緊，二頭肌便放鬆，手放下。

左腳肌肉
後側伸肌收縮，前側屈肌放鬆，使左腳伸直。

右腳肌肉
後側伸肌收縮，前側屈肌收縮，使右腳抬起。

雙邊多節反射

身體如何維持平衡

良好的姿勢平衡控制能力是日常生活中維持身體穩定及動作的基礎，因此舉凡簡單肢體活動如爬行、站立、步行等，以及較複雜的動作技能如跳躍與快跑等皆需以此能力，即「姿勢反射」為基礎。

● 姿勢反射如何維持人體平衡

姿勢反射是要讓人體維持姿勢，把重心維持在一支撐點內的反射作用，使人在失去重心等危及情況下，不至於傾倒。舉例來說我們的雙腳即是支撐點，雙腳的面積範圍即為支撐點範圍，重心不能跑出這個範圍外，否則會跌倒。在日常生活中，最常應用的例子就是停車與瞬間啟動時突然失去重心站不穩，又能迅速找回重心站穩，這種由靜止站立狀態產生姿勢反射找回重心，稱為「正向支持反應」。因屬於反射作用，神經訊息傳遞不經過大腦，在脊髓處接受後便立即反應。當公車瞬間停住時，人如同從後面被推一把，重心改集中到腳尖，此訊息傳遞至脊髓，脊髓整合訊息後，經由脊髓延伸出的反射神經（周圍神經）傳至小腿，使小腿後側肌肉收縮，腳尖踮起來，接著反射迴路來到大腿後側，使其肌肉收縮腳伸直，最後再使背部肌肉收縮，將往前的重心漸漸向後修正回來，反之若為身體向後傾，也能以同樣反射方式回正。

這個反射神經迴路，雖然不需經過大腦，但大腦還是可以透過皮質區有意識的抑制這個反應，例如，當身旁站著一位帥哥或美女時，想有機會靠得更近，便可經由大腦意識抑制反射反應，在公車突然停止、人突然向前傾倒時不執行反射作用，便會在重心不穩的情況下任由身體傾倒。

● 耳朵協助重心的維持

當爬山攀岩、倒立，頭部不是位於水平位置時，不只是頭偏一邊，還必須趨近180度的反轉，內耳前庭半規管中的內淋巴液會向下流動，而刺激毛細胞誘發動作電位，此神經訊號將傳至脊髓，引發相關肌肉反射，使前腳伸直來維持身體重心。例如進行滑板運動時，剛開始頭低下看到斜坡，試著踩穩滑板，接著滑入下坡時，因整個人突然朝向下導致前廷半規管的內淋巴液向下流動，便刺激電訊號形成，使人將頭抬起，讓頭部維持在水平位置且向前平視，且這時因抬起頭而收縮頸部的肌肉，會刺激肌肉內的感受器肌梭（參見P93），而啟動另一姿勢反射：讓前腳伸直，重心稍微往後，來保持身體重心在一支撐點範圍內而維持平衡。

身體如何維持平衡

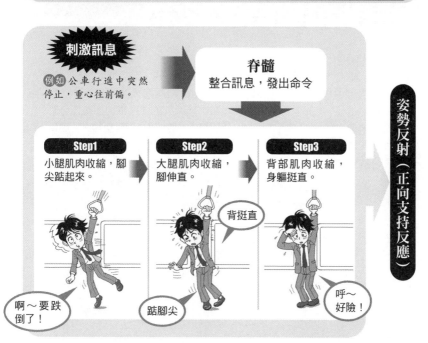

刺激訊息

例如 公車行進中突然停止，重心往前偏。

脊髓
整合訊息，發出命令

姿勢反射（正向支持反應）

Step1
小腿肌肉收縮，腳尖踮起來。

Step2
大腿肌肉收縮，腳伸直。

Step3
背部肌肉收縮，身軀挺直。

啊～要跌倒了！

踮腳尖

背挺直

呼～好險！

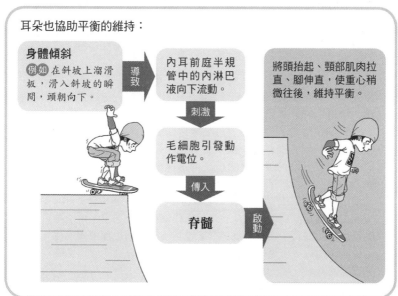

耳朵也協助平衡的維持：

身體傾斜

例如 在斜坡上溜滑板，滑入斜坡的瞬間，頭朝向下。

導致

內耳前庭半規管中的內淋巴液向下流動。

刺激

毛細胞引發動作電位。

傳入

脊髓

啟動

將頭抬起、頸部肌肉拉直、腳伸直，使重心稍微往後，維持平衡。

開發有真實感受的神經義肢

　　人的手腳四肢之所以能隨心所欲拿取物品、靈活運動，都是靠大腦意識中樞下達指令、經運動神經傳遞神經訊號至控制四肢活動的神經中樞——脊髓，再由脊髓發布神經訊號透過運動神經傳達至肌肉，肌肉收縮後達成手腳運動。這樣的傳導路徑如果因中風、車禍外傷，導致傳導過程受阻的話，就無法順利活動肢體，對生活造成極大的影響。

　　有鑑於此，生理學家們積極研究人工神經修復技術、以及可以取代四肢的義肢輔具。對於保有肢體但功能癱瘓的患者，日本生理學家西村幸男教授與美國華盛頓大學研究團隊合作，利用脊髓損傷的猴子開發出脊髓受損部位的「人工神經連結」技術，在受損的脊髓部位植入人工微電子迴路，連結因受傷或中風導致神經壞死而受阻的大腦及脊髓的運動神經，讓原本癱瘓的手部肌肉確實回復到可以按照大腦意識而動作。

　　對於斷肢的患者來說，雖然目前市面上已有許多製作精良的義肢輔具，但仍無法提供肢障人士充分的協調感和平衡感，也完全沒有肢體的觸覺。科學家們也利用人工神經連結技術的原理研發出能夠使用大腦控制的「神經義肢」，使義肢的迴路可與大腦中掌管動作的神經連接，控制義肢，讓患者如同常人一樣，想要移動就能移動義肢。

　　另外，大腦無法控制肢體的動作，除了可能是肢體的運動神經受損外，也可能是感覺神經受損，四肢外在的皮膚感覺訊息如觸壓、痛覺、冷熱等因無法傳入大腦，導致無法引起運動神經的反應。目前美國研究團隊透過以細微電流刺激斷肢所留下的感覺神經，並連結到腦部神經中樞，受試者們都表示感受到了栩栩如生的感覺，但此法的風險是會使某些神經細胞因直接電流的刺激而損傷。為此，芝加哥復健機構的仿生醫療中心研究團隊發現了另一種重獲感覺的方法，即是藉由神經迴路的重整，讓其他部位的皮膚（例如：胸部皮膚）取代斷肢來探索這個世界。理論上，這種方法的適用性相當廣，但因為腦部神經極為複雜，而且需侵入人體，加上目前皆是以猴子為研究對象，但猴子無法明確地表達出從義肢中獲得的感覺，要實際應用仍有待進一步研發。

Chapter
4

循環系統

人體需要的氧氣、營養與水分等，以及代謝後產生的二氧
化碳、含氮廢物等都需利用體內的循環系統，送達需要的
組織器官，或肺臟、腎臟等排泄器官才能排出。透過如幫
浦般的心臟，順著遍布全身的血管及淋巴管，推動血液、
淋巴液流動全身，來進行這些物質的交換，並循流送至作
用器官。

心臟幫浦維持血液循環

人體的心血管循環系統主要負責輸送氧氣、營養物質及荷爾蒙到全身各組織器官利用，並將代謝廢物帶出體外，其基本結構包括一個幫浦——心臟，及輸送血液的管道——血管。

◎ 心臟是推動循環系統的幫浦

　　心臟是推動整個心血管循環系統運行的幫浦，由產生心跳的節律點細胞（參見P104）及具收縮功能的心肌細胞組成，可推動血管中的血液循環全身。

　　心臟主要劃分為左右兩個獨立的幫浦構造，每一個幫浦構造都包括了一個心房及一個心室。心室藉由收縮將血液推送離開心臟，血液流經各器官組織後，最後會回到心房。當心房填足回流至心臟的血液後便收縮將血液排至心室中，等待下一次心室的收縮。心房和心室間具有能阻擋血液回流的瓣膜——房室瓣，右邊心房心室間的房室瓣稱為三尖瓣；左邊心房心室間的房室瓣則稱為二尖瓣或僧帽瓣。因房室瓣只允許血液從心房流至心室，有了房室瓣可防止心室收縮時血液回流至心房中。

◎ 輸送血液的管道

　　血管在循環系統中為負責輸送血液的管道，其為封閉的管道，相互連通，且分布全身，使血液可流動至全身各處。血管分為將血液帶離心臟的「動脈」、將血液帶回心臟的「靜脈」，以及負責在各組織器官間進行物質交換的「微血管」。其中，動脈管壁最厚，且依管徑大小可分為大動脈及小動脈。大動脈管相較於小動脈管具有較多的彈性纖維，是直接與心臟相連的血管，當心室收縮推送大量血液至大動脈管時會撐開管壁，一旦心室舒張管壁便快速回彈，藉此將血液連續地往各組織器官推進。

　　接於小動脈後方的微血管則僅由一層內皮細胞構成，管壁非常薄，小分子物質（如氧氣、葡萄糖、胺基酸等）能輕易透過微血管內外兩側濃度的差異，擴散進出微血管，是氣體、養分及代謝廢物交換的主要場所。

　　緊接於微血管之後的靜脈，其管壁厚度較薄，亦可依管徑大小分為大靜脈及小靜脈。小靜脈會收集來自各組織器官微血管的血液，匯集進入大靜脈。大靜脈管壁因具有擴張性，可蓄集來自小靜脈的大量血液，又加上靜脈中具有的瓣膜構造，能防止血液倒流，血液便能順利經上腔大靜脈及下腔大靜脈流回心房。

心血管循環系統

心臟
推動循環系統運行的幫浦

心房
● 是心臟上方的腔室。
● 接收流回心臟的血液及組織間液。

心室
● 心臟下方的腔室。
● 推送血液離開心臟。

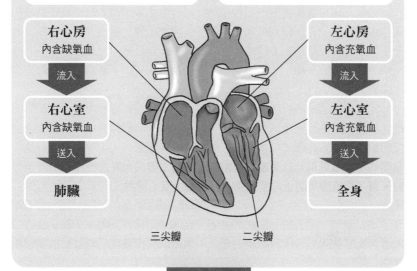

右心房
內含缺氧血

⬇ 流入

右心室
內含缺氧血

⬇ 送入

肺臟

左心房
內含充氧血

⬇ 流入

左心室
內含充氧血

⬇ 送入

全身

三尖瓣　　　二尖瓣

⬇ 血液運送路徑

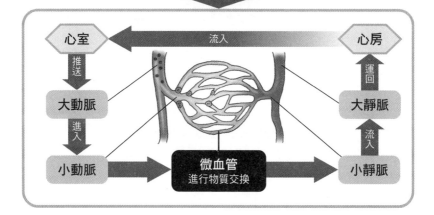

心室　　　流入　　　心房

⬇ 推送　　　　　　　　⬆ 運回

大動脈　　　　　　　　大靜脈

⬇ 進入　　　　　　　　⬆ 流入

小動脈　➡　**微血管**
進行物質交換　➡　小靜脈

心臟如何跳動

在循環系統中，心臟就像是電動幫浦般，透過產生心跳的節律點細胞使心臟收縮與舒張，並且結合各大、小血管的相互協調，有效率地運輸物質進出身體組織，以調節養分供應及廢物排出。

● 心跳源於節律點細胞的電性興奮

心臟是由具收縮功能的肌肉細胞（稱「心肌細胞」）及一群不具收縮功能但能自主放電而使其具興奮性的「節律點細胞」所組成。節律點細胞分布於上腔大靜脈和右心房連接處的節律點「竇房結」，及右心房、心室間隔下方的「房室結」，再沿著心中隔接到希氏束，一直到心尖處的普金杰纖維。

節律點細胞的細胞膜上有特殊的離子通道固定運送陽離子進出細胞，比一般肌肉細胞有更多的正電離子，也具有較高的細胞膜電位。此電位會促使細胞膜上的鈣離子通道打開，鈣離子進入細胞內，中和細胞膜電位的負電性，使膜電位上升到觸發位於竇房結上的節律點細胞產生動作電位的閾值，形成「興奮」的反應，再依序往下傳入其他節律點細胞而產生心跳。

由此可知，竇房結是心跳的源頭，此處的節律點細胞每分鐘會規律的放電70次，在興奮後又再重新形成，不間斷地反覆發生，以致形成固定頻率的心臟跳動。

● 引發心跳的電性傳導系統

這些聚集在心臟的節律點細胞會形成一傳導系統，引發心臟縮放。傳導由竇房結開始，引發的動作電位先是使心房收縮，接著此電訊號會向下傳遞至「房室結」，再傳入沿著位於兩心室間隔的「希氏束」，使心房得以收縮完全將血液均送入心室中。而電訊號也沿著希氏束，向左右心室傳遞，最後傳至分布於心室底部的「普金杰纖維」，而沿著心室底部（心尖處）產生動作電位，讓心室一致性地收縮，將血液從心室處推送往動脈，進行體循環及肺循環。而收縮後的心肌細胞便放鬆（舒張），等待下一次由竇房結傳來的電訊號，以再一次跳動。

心臟如何跳動？

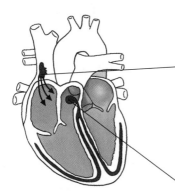

Step 1 引發動作電位

竇房結
- 位於上腔大靜脈和右心房連接處的節律器。
- 心跳的電訊號由此處產生，並開始傳遞。

 傳入

Step 2 心房收縮

房室結
- 位於右心房後壁，緊接於三尖瓣。
- 接收來自竇房結的電訊號，使心房能完整收縮，將血液送入心室中。

 傳入

Step 3 傳遞電訊號

希氏束
- 位於心中隔二側及心內膜下方。
- 傳導由房室結傳來的電訊號，經由左右二分支，將訊號傳遞至左右心室。

 傳入

Step 4 心室收縮，後舒張

普金杰纖維
- 位於左右心室的心尖處，細分為小分支圍繞心室腔。
- 接受希氏束傳來的電訊號，快速活化心室肌肉，使心室整個同時收縮，然後舒張，形成跳動。

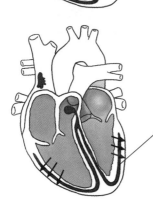

心臟各部位傳導系統的電性變化可經由在體表黏貼電極記錄微弱的電訊號變化後，經整合放大成圖形，即心電圖。完整心電圖包含代表心房收縮波形的P波；代表心室收縮波形的QRS複合波，和代表心室由收縮狀態舒張時的恢復波形即T波。而心臟各部位傳導出現問題所導致的心臟疾病，如心室肥厚等，即可由心電圖呈現的波形情況判讀出。

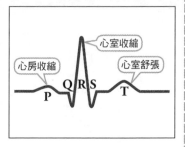

◎心臟幫浦和血管間的協調帶動血液循環

透過心房心室節律性的收縮與舒張，使心臟像一幫浦，帶動血液進入全身循環。血液經心房收縮進入心室，再由心室推送入動脈，流經各組織器官，藉由各組織器官的微血管交換所需的物質後，再透過靜脈回流到心房。

人體有兩大循環遵循此原則，一是能將攜帶氧氣的血液送入全身組織的「體循環」，另一是能從肺中取得氧氣的「肺循環」。體循環是由左心室收縮將充氧血及富含營養物質的血液打入主動脈中，藉由心臟舒張時主動脈壁的回彈力，將血液一路推送至肺部以外各個身體組織器官，之後在這些組織器官內的微血管中交換物質，最後經由上腔大靜脈及下腔大靜脈回流到右心房。此由靜脈回流的血液因其中所含的氧氣已供予體內利用，因此為含氧量低的缺氧血，並從心臟的右心房流入右心室，將缺氧血經肺動脈送入肺臟，在肺泡微血管處進行氣體交換後由微血管匯流充氧的血液進入肺靜脈，送回左心房，待再次運送至全身利用，此即為血液循流於心臟與肺臟間的肺循環。

人體即是透過肺循環和體循環不斷地交替運作，使得氧氣和養分能有效率地供應，不需要的廢氣和廢物也能排出體外，維持生命的穩定運作。

心臟幫浦如何帶動血液循環？

心臟幫浦

心房回收
進入

心室出發
進入

靜脈

血液循環方向：

動脈

送入

送入

微血管

肺循環	體循環
負責氣體交換，又稱小循環。	負責氣體及營養物質交換，又稱大循環。

右心室
含缺氧血

← 經房室瓣
流入

右心房
含營養物質、缺氧血

肺動脈
含缺氧血

肝門靜脈
代謝廢物排出、營養物質交換、缺氧血

流入 →

上大靜脈、下大靜脈
含營養物質、缺氧血

匯入 ←

各組織器官小靜脈
含代謝廢物、缺氧血

肺部微血管
含肺泡處行氣體交換

各組織器官微血管
含代謝廢物、氣體交換

各組織器官小動脈
含充氧血、營養物質

肺靜脈
含充氧血

主動脈
含充氧血、營養物質

左心房
含充氧血

經房室瓣
流入

左心室
含充氧血、營養物質

107

血液中有哪些成分

分布於全身的血管內充滿流動的液體,稱為血液(又稱全血),正常情況下,循環全身的血液總體積量約為體重的8%,其中成分包括了血漿及血球,能將營養物質和氣體溶解其中運送至全身各處,供應所需。

◎ 血漿中的成分

血液中有55%為血漿,且血漿中有高達93%以上的成分都是水,水是良好的溶劑,可讓其他溶質成分包括血漿蛋白、氣體、有機和無機物質溶在血漿中。血漿蛋白為血漿中最多的溶質成分,可分有白蛋白、球蛋白及纖維蛋白原等三大類。其中纖維蛋白原與人體的凝血功能有關,血漿若去除這些參與凝血相關的物質後僅剩的液體,即為常聽聞的「血清」。

於血漿中含量較高的血漿蛋白具有許多功能,包括能在血管與血液間產生滲透壓,以利於血管吸收組織間液進入微血管中,供應所需;也能與血漿中其他有機物質如營養素、代謝廢物、酵素、荷爾蒙、抗體及無機物質如電解質(如鈉、鉀、碳酸根離子)等結合且幫助運送;也協助體內許多生理作用的正常進行如代謝反應、免疫反應等,由此可知血漿蛋白是維持人體多項生理運作的重要物質。

◎ 血球的種類

血球則占全血比例的45%,為血液中懸浮的細胞成分,包括紅血球、白血球及血小板。其中白血球的體積最大,每個細胞中具有一個或多個細胞核,每毫升血液中約有五千至一萬個。白血球可穿透微血管,吞噬外來病原菌,製造抗體,與免疫系統作用有關。當人體在病原菌入侵或發炎時,體內白血球數目會增加,但若呈不正常倍數增加時,就易引發白血病,即俗稱「血癌」。

紅血球的體積居中,成熟的紅血球不具細胞核,外型呈現雙凹圓盤狀,每毫升血液中約有五百萬個。紅血球細胞膜上所含的多醣類及蛋白質因人而異,根據這個特殊性分類即可區分出不同的血型。紅血球內含有血紅素,可攜帶氧氣,是體內運送氧氣的重要媒介。紅血球的平均壽命僅約為120天,其數目減少或血紅素減少,將使紅血球攜氧能力下降,人便容易因氧氣不足,感到頭暈、頭痛等「貧血」症狀。

血小板為一種無色的細胞碎片,體積比紅血球小很多,每毫升血液中

約有二十五萬個。血小板與血液凝固有關，當受傷時血小板會黏著到破裂受損的血管表面，藉由肝臟釋放疑血因子與血小板產生形變，聚集形成血小板栓，完成初步止血作用。假若人體血液中缺乏凝血因子，便易患有血液不易凝固的「血友病」。

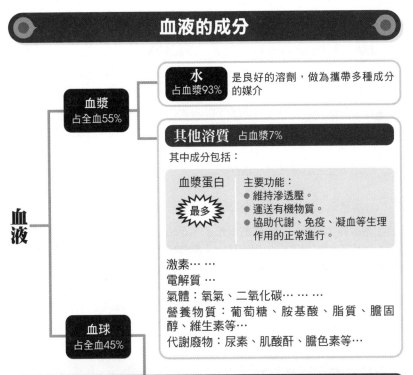

血液的成分

血漿
占全血55%

水 占血漿93%
是良好的溶劑，做為攜帶多種成分的媒介

其他溶質 占血漿7%

其中成分包括：

血漿蛋白
最多

主要功能：
● 維持滲透壓。
● 運送有機物質。
● 協助代謝、免疫、凝血等生理作用的正常進行。

激素……
電解質 …
氣體：氧氣、二氧化碳… … …
營養物質：葡萄糖、胺基酸、脂質、膽固醇、維生素等…
代謝廢物：尿素、肌酸酐、膽色素等…

血球
占全血45%

	形狀	大小	有無細胞核	功能	相關疾病
紅血球	雙凹圓盤狀	次之	成熟的紅血球無細胞核	運送氧氣	太少時，易引起貧血。
白血球	多為圓形	最大	一或多個	吞噬病原菌	過多不成熟的白血球，會引起血癌（白血病）。
血小板	碎片狀	最小	無	協助血液凝固	缺乏血小板、凝血因子，會導致血友病。

心臟血液輸出量影響營養供給

心臟幫浦的重要功能是能推送攜帶氧氣和養分的血液至各組織器官中，以滿足生理運作的需求、維持個體的活動力。因此估算心輸出量，了解由心臟輸送血液的情形，可做為評估心臟幫浦功能好壞的參考。

● 調節心輸出量的多寡，協助人體應變

欲評估心臟推送血液，供應氧氣與養分的情形，來了解個體的生理狀態，可估算一段時間內，心臟所送出的血液量，即心輸出量。而心輸出量的多寡主要會受到心臟每次推送的血液量（心搏量），以及心臟每分鐘收縮的次數（心跳速率）的影響，可透過兩者的乘積估算出心輸出量。

心輸出量＝心搏量×心跳速率

心搏量與心跳速率的變化調節著個體所需的心輸出量，使人足以應付緊急狀況。當人處於精神緊張等緊急情況時，交感神經會活化，促使正腎上腺素及腎上腺素的分泌，增加心跳速率同時也增強心室收縮力，致使心搏量上升，以提升心輸出量，使更多的血液加快進入組織器官中，提供更多的氧氣與養分，生成更多的能量以應付緊急狀況。然而，若患有心臟疾病如心肌梗塞或心肌炎時，人體的自主神經會失去調節能力，減少心室收縮力，使心搏量減少，進而降低心輸出量，使心臟無法及時供應身體所需的氧氣及養分，而危及生命。

● 心臟的自我調節能力

心臟自身也能感應血量的變化，調節心輸出量，以穩定血液的輸送。例如打點滴或大量喝水時，靜脈的回心血量會增加，使心房、心室壁的肌肉不斷伸張，而後像是被用力拉開的橡皮筋一樣回彈力會增加，心室收縮力即增強（此稱為法蘭克-史達林定律），才能將較多的血量推送出去，此即提升了心搏量。而在此靜脈回心血量增加的同時，也會伸張右心房壁的肌肉，刺激節律器細胞引起一種神經反射稱為「班布吉氏反射」，致使心跳速率增加10%～15%，心輸出量因此而增加，加快體內循環代謝。

除了心搏量及心跳速率兩種主要因素外，還包括有：體型大小，體重較重的人通常有較多的心輸出量；體內基本代謝率，隨著年齡的增長，基本代謝率下降，造成心輸出量減少等因素均能影響心輸出量。

人體如何調節心臟的輸血量

情況① 受神經與激素控制

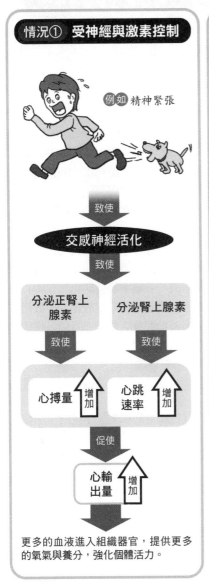

例如 精神緊張

↓ 致使

交感神經活化

↓ 致使

| 分泌正腎上腺素 | 分泌腎上腺素 |

↓ 致使　　↓ 致使

心搏量 增加　　心跳速率 增加

↓ 促使

心輸出量 增加

↓

更多的血液進入組織器官，提供更多的氧氣與養分，強化個體活力。

情況② 受血量控制

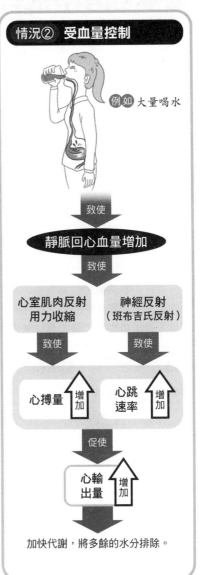

例如 大量喝水

↓ 致使

靜脈回心血量增加

↓ 致使

| 心室肌肉反射用力收縮 | 神經反射（班布吉氏反射） |

↓ 致使　　↓ 致使

心搏量 增加　　心跳速率 增加

↓ 促使

心輸出量 增加

↓

加快代謝，將多餘的水分排除。

冠狀循環供應心臟氧氣與養分

身體所有組織器官都是靠心臟幫浦出去的體循環血流來供應所需的氧氣和營養，並帶回二氧化碳及代謝廢物，而心臟本身所需的氧氣與養分則必須藉由冠狀循環，專責送入血液來供應，也將其代謝後的廢物送出。

◎ 冠狀循環對心臟的重要性

人體內唯一提供心臟所有細胞維持正常生理作用所需的氧氣與養分的血液，是透過「冠狀循環」來運送供應。此循環是由心臟上方的主動脈基部開始，當心臟舒張時，左心室中由肺靜脈將流經肺循環後的含氧血會自主動脈基部所延伸的左右兩條冠狀動脈，進入心臟各部位循流，提供氧氣與養分後，再由冠狀靜脈攜帶心臟產生的代謝廢物及二氧化碳流回到右心房，與右心房中由大靜脈送回流經體循環的缺氧血混合，一同待心室收縮，經由肺動脈帶離心臟，進入肺臟重新交換獲得氧氣。一般人在休息狀態下，流經冠狀動脈血量每分鐘約250毫升，約占心輸出量的4～5％。

冠狀動脈需供應心臟多少的血流量取決於心臟中心肌細胞對氧氣的需求。當人體因運動、精神緊張或其他因素刺激心臟收縮力增強，心肌細胞就必須加速氧化脂肪酸，消耗大量氧氣來產生更多能量，因而促使冠狀動脈的血流量增加，讓更多氧氣進入細胞。由此可知，能否提供心臟足夠的氧氣維持運作，冠狀動脈中的血流量扮演著重要的角色。

◎ 冠狀動脈病變與治療

一旦冠狀動脈阻塞或變得狹窄，也就是產生動脈粥樣性病變，便無法提供足夠的氧氣與養分給心肌細胞，致使心肌細胞受損，嚴重者甚至造成部分心肌細胞死亡，此即為「心肌梗塞」。患者會面色蒼白、呼吸短促、心絞痛等，嚴重者則因氧氣供應不及而死亡。目前常見的治療方法有三種：冠狀動脈支架、冠狀動脈氣球擴張術及冠狀動脈繞道手術，前兩種治療方式主要是將已狹窄血管撐開，以回復循環血流，第三種方式則是以新的血管取代已阻塞的血管所施行的手術治療方式。

抽菸、高膽固醇血症、高血壓、糖尿病、肥胖及壓力的生活環境都是罹患冠狀動脈疾病的危險因子，因此正常的生活作息、健康的飲食習慣及規律的運動是預防冠狀動脈疾病──心肌梗塞的不二法門。

冠狀循環供應心臟氧氣與養分

心臟舒張時,來自肺
循環後的含氧血

送入

冠狀動脈

右冠狀
動脈

左冠狀
動脈

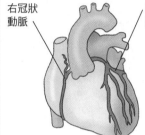

讓血液循流整個
心臟,供應心臟
氧氣和養分。

冠
狀
循
環

進入

冠狀靜脈
血液運送二氧化
碳等廢物。

進入

右心房
與來自體循環後
的血液混合。

流入

右心室
心室收縮,將血
液送出心臟。

三種常見的冠狀動脈疾病手術治療方式

手術名稱	治療方式
①冠狀動脈氣球擴張術	透過心導管前端的氣球,藉氣球擴張的力量將狹窄的冠狀動脈撐開,使動脈內的血液能順利通過。
②冠狀動脈支架	在進行冠狀動脈氣球擴張術時,於血管狹窄處置入一細小的不銹鋼管狀物,長約1.5公分。可使血管保持原來管徑之擴張狀態,顯著增加血液流通量。
③冠狀動脈繞道手術	利用新的血管取代已阻塞的血管,所施行的手術治療方式。

血壓如何產生

血管中的血液流動時均會讓血管管壁形成不同程度的壓力,稱為血壓。因動脈管較具彈性且與提供各組織器官氧氣及養分有關,因此一般而言「血壓」一詞,指的就是動脈血壓,可透過血壓變化來了解體內氧氣與養分的供應情形,檢視身體的健康狀況。

● 何謂血壓

血壓是指動脈內血液對管壁造成的壓力,包括了收縮壓及舒張壓,均以毫米汞柱為表示單位。當左心室收縮血液通過主動脈→大動脈→小動脈→微血管,將大量血液送往周邊組織器官時,這些血液會使主動脈管壁撐開,此壓力即稱為「收縮壓」。另外,當心室舒張時,主動脈則因進入的血量減少,收縮期被撐開的主動脈管壁便回彈,即產生了「舒張壓」。

根據國內衛生福利部建議,正常人血壓應維持在收縮壓小於120毫米汞柱,舒張壓小於80毫米汞柱,且動脈血壓應需維持在一固定範圍內,才能確保周邊組織器官有充足的血流供應。當血壓過高,即表示周邊組織器官的小動脈管徑變小阻力上升,血液不易進入組織器官利用;而當血壓太低,則表示心室收縮進入主動脈的血量即心輸出量(參P110)減少,因此上述兩種情況都無法提供充足的血液送入組織器官利用,長久將造成各組織器官細胞壞死,損害正常生理功能。

● 血壓的測量

透過血壓的測量可以幫助了解血壓的變化、身體的現況。尤其具有高血壓家族病史或有慢性疾病的病患,更要養成定時量血壓、監測血壓變化的好習慣。

血壓可透過血壓計來測量,現今臨床上採用間接的方式利用血壓計及聽診器的「聽診法」來測量血壓,方法主要是將連接於血壓計的腕帶束縛上臂,用橡皮球將氣體壓入腕帶,使壓力高於收縮壓(約170～180毫米汞柱),此時因腕帶壓力使上臂動脈完全封閉,血液無法流通,所以置於肘關節的聽診器聽不到聲音,當慢慢卸除腕帶內壓力,上臂動脈漸漸容許血液流通時血流易在仍然狹窄的血管內產生擾流,此擾流會對管壁產生撞擊聲,從聽診器一聽到撞擊聲時,此時的水銀柱高度即為收縮壓;而後隨著腕帶內壓力漸漸釋放,上臂動脈管徑逐漸恢復正常時,血流趨平穩不再產生擾流,由聽診器聽到的撞擊聲會愈趨小聲,當聲音消失時的水銀柱高度,即為舒張壓,目前隨著科技進步,也已可採用電子血壓計來量測血壓。

血壓的測量

步驟 1

將聽診器置於肘關節，腕帶束縛於上臂。

暫時先別說話，保持平靜。

步驟 2

利用橡皮球將氣體壓入腕帶，使壓力高於收縮壓（約170～180毫米汞柱），此時上臂動脈完全封閉，置於肘關節的聽診器聽不到聲音。

步驟 3

慢慢卸除腕帶內壓力，一直到聽到撞擊聲，此時的水銀柱高度為「收縮壓」。

 收縮壓 因心室收縮推送，大量血液進入主動脈使管徑撐開，此時管壁受到的壓力。一般正常人的收縮壓為約90～120毫米汞柱。

啵…

步驟 4

隨著腕帶內壓力漸漸釋放，當聲音消失時的水銀柱高度，即為「舒張壓」。

 舒張壓 心室舒張，因心室收縮而被撐開的動脈管壁回彈，產生了舒張壓。一般正常人的舒張壓為60～80毫米汞柱。

……

延腦如何調節遽變的血壓

人體正常的血壓需維持在一固定值，以利小動脈運輸足夠的血液至各器官。但生活中常因某些因素，造成血壓突然下降或上升，此時身體會利用「感壓反射」機制，快速的將血壓調整回正常範圍。

● 人體如何應付血壓遽變

人體能快速調整突然上升或下降的血壓，使不穩定的血壓在短時間內快速的回復到正常範圍，指的就是人的感壓反射。此反射的感受器分布於頸部兩側的頸動脈及連接左心室的主動脈弓（連接左心室大而彎曲的主動脈處），其對血壓的急速變化很敏感，能在幾毫秒內發動反射反應，因此一旦感受到動脈血壓的變化，與這兩處相連的第九對、第十對腦神經會將血壓過高或遽降的訊息傳至調控中樞——延腦，由延腦的心血管整合中樞將訊息傳至作用器即交感或副交感神經，對血壓的變化做適當的調整。

例如當血壓突然上升時，經由感受器將訊息傳至延腦，延腦會整合訊息，命令副交感神經活性增加，交感神經活性減少，造成心跳速率下降，心輸出量減少，血管平滑肌放鬆，動脈管徑舒張使上升的血壓逐漸下降，回到正常範圍。因感壓反射能應付血壓的突然升降，所以又被稱為壓力緩衝系統，是人體血壓短期調控的重要機制。

● 哪些情況會引起血壓遽變

感壓反射使人體能應付身體多變的活動狀態，在血壓突然變化時迅速穩定血壓，減低傷害。例如清晨起床時，當由臥姿突然站立，頭部和身體上半部的血液會因重力關係往下沉積，造成頭部及身體上半部血管內血壓突然下降（下降幅度僅些微，但足夠引起暈眩反應），此時感壓反射會立即反應，增加交感神經活性，心跳速率稍稍加快，心輸出量增加，血管平滑肌細胞收縮，動脈管徑緊縮，血壓因此上升，以減少暈眩產生，甚至失去意識等傷害。老年人的感壓反射會隨著年齡增加而逐漸不靈敏，須更加注意，當由仰躺起身時應先坐著適應血壓變化後再慢慢站起。

另外，當因事故造成大量失血時，由於體循環血量急遽下降，使心輸出量減少而造成血壓大幅度的下降，此時身體的感壓反射系統會即刻產生作用，同樣活化全身的交感神經，釋出大量的正腎上腺素作用在血管平滑肌，使血管收縮，減少出血量，同時也更加快心跳，促進血液幫浦至其他器官，避免組織器官缺血而壞死，維持正常功能以爭取生存時間。

延腦如何調控血壓

情況1
血壓遽降

情況2
血壓過高

↓ 傳入　　　　　　　↓ 傳入

感受器　●頸動脈：連接第九對腦神經
　　　　　　●主動脈弓：連接第十對腦神經

接收血壓過高或遽降的訊息。

↓ 傳入

心血管整合中樞　延腦

整合訊息，發布命令。

↓ 命令

作用器　交感神經、副交感神經

改變活性，分泌神經傳導物質。

交感神經活化　↓ 促使　　　　　　↓ 促使　　副交感神經活化

分泌正腎上腺素　　　　　　　　分泌乙醯膽鹼
　↓ 引起　　　　　　　　　　　↓ 引起
●心跳增加　　　　　　　　　　●心跳變慢
●心輸出量增加　　　　　　　　●心輸出量減少
●周邊血管收縮　　　　　　　　●周邊血管放鬆

↓　　　　　　　　　　　　　　↓
血壓上升　　　　　　　　　　血壓下降

回復至正常範圍

人體如何維持日常穩定的血壓

除了緊急應變能力，人體必須具有長期維持血壓於正常範圍的調節系統，包括自我調節系統及腎素–血管張力素–醛固酮系統（RAAS），以應付體內不停運轉的動態變化，維持穩定運行。

○ 組織器官如何調節血壓

　　血壓會讓血液運送養分至各組織器官，供應所需。因此人體內的各個組織器官需要仰賴密布其上的血管自我調節，以穩定供應各組織器官源源不絕的養分和氧氣，一旦失調，便易引發各組織器官的病變。

　　當因大量飲水等因素導致全身血量上升時，分配到各組織器官的血量也會隨之上升，造成血壓上升，此時因小動脈灌流壓上升，血管平滑肌便受大量血液湧入的張力拉扯刺激而收縮，而導致血管管徑變小、阻力上升，血流量隨之減少，便因此調節降低灌流壓，使血壓回復正常。反之，當血壓下降、灌流壓下降時，各組織器官中血液的含氮化物（蛋白質的代謝產物）會因血流量減少而沉澱，並與血管內皮細胞上的一氧化氮合成酶作用產生一氧化氮，一氧化氮擴散至血管壁後，會引起血管管徑擴張，導致阻力降低，血流量及灌流壓則逐漸調節回升至正常。

腎臟在血壓調節上扮演重要角色

　　人體內多餘的水分多由腎臟集結為尿液排出體外，因此能透過尿液的排放，改變血漿（93%為水）的容積，影響全身的血量，進而調節血壓。例如當喝下大量水時，會增加全身血漿的容積，使心輸出量上升、血壓也隨之上升，此時流經腎臟小動脈的灌流壓也隨之上升，使得腎小球的過濾速率加快，促進尿液的形成而排出體外，使體內的血漿容積能隨即下降，回心血量減少，心輸出量便也跟著減少，即減低了血壓逐漸回復至正常。

　　此外，腎臟還能透過分泌激素（參見P194），協助調節血壓。當血壓下降時，腎臟會分泌腎素幫助肝臟製造的「血管張力素原」轉為「第一型血管張力素」。此第一型血管張力素會再經由肺臟所分泌的酵素作用轉變為「第二型血管張力素」，此為一強效的血管收縮激素，能使動脈收縮、管徑變小、阻力增加，致使血壓上升。同時，此激素也能促進腎上腺皮質分泌「醛固酮」，讓腎小管吸收水分回體內，以減少尿液排出，共同維持全身血量恆定，使血壓上升至穩定。而此由腎素為開端調控血壓及全身血量的機制，即稱為「腎素–血管張力素–醛固酮系統（RAAS）」。

人體如何維持日常穩定的血壓

體內組織器官的自我調節系統

狀況 1
全身血量增加
小動脈灌流壓大

引起 →

調控方式

血管平滑肌收縮
血管管徑變小
血流阻力上升

致使 →

血流量下降
灌流壓（血壓）
下降至回復正常

狀況 2
全身血量減少
小動脈灌流壓小

引起 →

調控方式

血液中的含氮代謝物
沉澱在血管，經酵素
作用產生一氧化氮
擴張血管管徑
降低血流阻力

致使 →

血流量上升
灌流壓（血壓）
上升至回復正常

腎臟透過調節全身血量，調控血壓

例如
大量喝水
↓
全身血量增加
↓
增加
↓
增加
↓
降低全身血量

例如
運動、口渴、失血
↓
全身血量減少
↓
減少
↓
減少
↓
避免全身血量降低

腎臟灌流壓
腎絲球過濾率

排尿量

↓
維持正常血量範圍
穩定血壓

Info　何謂灌流壓？

心室收縮時，血液由大動脈送出經體循環及肺循環兩大循環系統，再利用各組織器官的小動脈將所需的血流量注入各組織器官，供其細胞利用養分與氧氣，此時小動脈的血壓稱為灌流壓。

組織間液的代謝
為什麼會水腫？

人體內的細胞外液是指位於細胞外的液體，包括有血管中血球以外的液體血漿、存在組織之間的組織間液及淋巴液三種。其中組織間液是體內各組織運送物質的重要介質，但若大量積存在組織就會造成組織器官的水腫。

○ 組織間液如何產生

組織間液幾乎分布於體內全身各處，是類似血漿的半透明液體，有90%為水，因此是良好的溶劑，組織所需的養分如礦物質、維生素等均可溶於其中，並且主要可協助組織細胞進行正常生理作用，如激素、礦物質等物質的運送、協助組織運作代謝作用等。

組織間液和血液之間只隔了一層薄薄的微血管壁，在微血管壁的高滲透性下，血液流經微血管與周邊組織進行物質交換時，除了血球細胞及大分子物質如血漿蛋白之外，水分和其他小分子物質如葡萄糖、電解質（如鈉或鉀離子）、氧氣等，都可以通過微血管壁進入組織間隙而形成組織間液。

若當體內血量增加，微血管內的血液量對血管壁施壓，將水「推出」微血管的靜水壓因此上升，再加上組織間液中具高濃度的大分子物質如白蛋白及小分子物質如電解質等，使得將水「拉進」血管中的滲透壓也下降，因而使得微血管內血漿中的水分及小分子物質不斷地往組織間隙滲漏。此時，這些組織間液若無法順著淋巴系統回到循環系統，或過量的組織間液使淋巴循環不及，就會持續積聚在組織間，造成水腫。輕微的情況下，常可從四肢肢端發現腫脹、用手指按壓卻不易彈回原狀的情形。

○ 因疾病導致嚴重水腫的成因

積聚過多的組織間液將造成組織器官的水腫，常見較為嚴重的情形來自於心臟、肝臟、腎臟的病變。例如鬱血性心臟病患者，因體內靜脈壓提高，使微血管靜水壓提高，造成組織間液蓄積增加，產生肺水腫及腹水；肝硬化患者，因肝臟產生白蛋白功能下降，使微血管內滲透壓下降，組織間液不易回到微血管內而形成水腫。其他還包括因過量的藥物攝取，造成腎臟發炎，腎絲球通透性增加，使白蛋白由尿液排出量增加，造成血管內白蛋白量不足，滲透壓下降而引發水腫。一旦組織器官發生水腫，便代表細胞無法正常地與微血管進行物質交換作用，長久下來便會使組織器官因得不到營養及無法排出廢物而導致壞死。

水腫如何形成

例如 吃了太多太鹹的食物，又喝了大量的水解渴。

↓ 導致

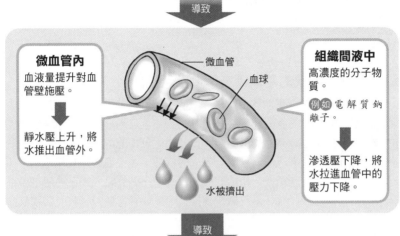

微血管內
血液量提升對血管壁施壓。

↓

靜水壓上升，將水推出血管外。

微血管
血球
水被擠出

組織間液中
高濃度的分子物質。
例如 電解質鈉離子。

↓

滲透壓下降，將水拉進血管中的壓力下降。

↓ 導致

水不斷進入組織間隙

正常機制 ↙　　　　↘ 水分過多致機制失去功能

由淋巴系統回收

經由鎖骨下靜脈 進入 ↓

右心房
（血液循環系統）

↓

維持循環血液量的恆定

大量積聚組織間液

形成 ↓

水腫

水分代謝不良可能和淋巴有關

淋巴循環系統並不屬於心血管系統，但最大功能便是能運送組織間液回到心血管系統代謝將廢物排除，並且透過淋巴循環的運作協助脂質的吸收，以及運送免疫細胞達成免疫防禦。

○ 淋巴循環系統的基本構造與淋巴循環

淋巴循環系統能幫助體內組織間液回流至心血管循環系統，是維持人體內液體正常循流的重要運轉系統。其由遍布全身的淋巴微管、末端封閉的淋巴管、內部呈蜂窩狀的淋巴結，以及淋巴管中的淋巴液所組成。位於微血管周圍細小的淋巴微管是完全獨立的構造，並不與微血管相連結，但同樣由單層內皮細胞組成。組織間液一旦由淋巴微管吸收進入淋巴循環系統，即稱為淋巴液。幾條淋巴微管會接著聚集成管徑較粗、具有瓣膜構造的淋巴管，淋巴液在淋巴管內流動，再滲入血管中，最後經由內頸靜脈及左鎖骨下靜脈將淋巴液帶回右心房進入心血管循環系統，至全身利用或排除。

人體必須透過淋巴管壁平滑肌的收縮、吸氣呼氣造成的引力、骨骼肌的擠壓及淋巴管瓣膜的阻擋等壓力，才能促使淋巴液由淋巴管回流至心血管系統。然而，淋巴循環比起血液循環流速要慢，每天僅約有四公升的液體經由淋巴循環回到血液循環，因此應避免淋巴液超載，或回流功能變差，引發水腫。例如感染血絲蟲，會造成淋巴管阻塞，淋巴液大量蓄積於淋巴管中，引發「象皮病」，造成下肢嚴重水腫；或因患有某些癌症（如：乳癌）將轉移至淋巴組織的癌細胞全部切除時，會導致淋巴回流喪失功能，而引發水腫。

○ 淋巴循環系統的其他生理功能

淋巴循環除了幫助淋巴液回流至心血管循環系統外，尚有協助脂質的吸收與免疫防禦功能。在小腸末端迴腸絨毛內，具有淋巴管構造的乳糜管（參見P178），可吸收由脂質消化後的小分子脂肪酸及脂溶性維生素A、D、E、K，再送入血液供體內代謝利用。此外，沿著淋巴管在頸部、腋下及鼠蹊部有許多呈蜂窩狀的膨大組織稱為淋巴結，內含有各種不同的淋巴球（參見P124），能執行體內的免疫防禦，像是一個過濾器般吞噬進入淋巴循環的病原體，因此身體若遭病原菌感染時，淋巴結常有腫脹或硬塊發生。

淋巴液的循環路徑

微血管滲出的血漿

形成 蓄積組織間隙

組織間液

進入

淋巴循環系統

組織間液

被吸入

淋巴微管
進入淋巴微管的組織間液即
為「淋巴液」。

進入　　大量進入

淋巴管

進入　　✕ 無法流入

淋巴結
蜂窩狀膨大的組
織，內含各種不
同的淋巴球，執
行體內的免疫防
禦。

淋巴管和
淋巴微管
布滿人體全身，
負責淋巴液的運
送。

導致

心血管循環系統

胸管右淋巴管
匯集的淋巴液 匯入 → 內頸靜脈
鎖骨下靜脈

流回

心臟
（右心房）

進入

血液循環

淋巴液積聚於
淋巴管

引起

水腫

人體強大的免疫軍團

人體曝露在充滿病原菌的環境中，病原菌若沿著與外界直接接觸的皮膚、口腔、呼吸道、消化道、泌尿道入侵身體時，會破壞身體正常功能而致病，此時人體能以淋巴液及血液為媒介，運送免疫細胞，對抗外來病菌，確保人體健康。

◎ 免疫系統包括哪些

人體與生俱來有一種能力可抵抗由外界環境侵入人體的有害物質，稱為免疫。這是因為人體具有一套免疫防禦系統，其中包括有免疫器官如骨髓、胸腺、脾臟、淋巴結，負責製造免疫細胞及免疫分子；免疫細胞如白血球包括巨噬細胞、嗜中性白血球、嗜酸性白血球、嗜鹼性白血球、淋巴球，能直接吞噬外來物質，以免人體受害；以及免疫分子如抗體、發炎物質等，可發送發炎訊息、引發更多免疫反應，對抗頑強的病原。防禦機制在這三者的共同合作下，不僅可對抗外來的有害分子，也可記憶過去曾經入侵的有害分子，快速殲滅，讓有害物質無機可趁。

◎ 人體主要的兩種免疫機制

人體可以非專一性的防禦方式，也就是遇到外來入侵者時，不管是哪一種物質，都一律殲滅清除或先將其阻隔在體外，此稱為「先天免疫」機制。主要是由皮膚、許多黏膜組織，如口腔黏膜、鼻黏膜、胃腸黏膜，分泌黏液及酵素將病原菌黏住並溶解使之無法入侵，以及嗜中性球及巨噬細胞等白血球，進行吞噬作用（參見P40），將病原菌吞噬並溶解，來達成免疫防禦。這樣非專一性的免疫防禦常會造成組織器官發炎，產生紅腫熱痛的現象，不過透過此發炎作用可將受傷組織與正常組織隔絕，減緩病原菌及毒素的蔓延，使身體有時間製造專一性的抗體及活化辨識特殊抗原的淋巴球，進行後天免疫對抗入侵病原菌。

體內專一性的免疫防禦能力需在遭受病原菌攻擊後數週後才能形成，不過此「後天免疫」機制則可辨識外來入侵者上特有的蛋白質，稱為「抗原」，透過鎖定抗原使病原菌無法逃離，更能徹底清除，避免漏網之魚。此對抗機制主要透過淋巴球來執行，包括B淋巴球與T淋巴球兩種，其中B淋巴球負責產生能辨識病原菌上特殊抗原的「抗體」，進入血液循環，便以此專一性抗體辨識抗原，找出並攻擊病原菌，達成免疫防禦。而T淋巴球則是由骨髓製造出來後，送到胸腺做抗原辨識訓練後，集聚於各淋巴結中。當病原菌入侵時，T淋巴球能透過淋巴循流，針對病原菌的特殊抗原而發動免疫反應，抵禦病原菌的侵害。

人體的免疫防禦系統

免疫器官

人體內負責製造及儲存免疫物質的器官。

例如 骨髓、胸腺、脾臟、淋巴結。

製造

除疫大軍

免疫細胞

能直接吞噬外來物質的細胞。

例如 白血球、巨噬細胞、淋巴球。

B淋巴球

巨噬細胞

能直接吞噬病原菌。

能辨識抗原，產生抗體。

免疫分子

發送危害訊息的媒介，以引起更多免疫反應，對抗頑強的病原菌。

例如 抗體、發炎物質（如介白質）。

抗體

能辨識出病原菌的抗原，攻擊它。

外來物質

非體內原有且可能危害人體的物質。

例如 粉塵、病毒、細菌、微菌…。

消滅

戰略1　先天免疫

透過皮膚黏膜或白血球、巨噬細胞等血球細胞直接吞噬消滅外來物。

是病原菌！消滅它。

外來物

巨噬細胞

戰略2　後天免疫

外來物入侵數週後，由淋巴球生成抗體來辨識外來物，以徹底殲滅。在那裡！

抗體

快！抓起來！

B淋巴球

外來物

高血壓的成因與治療

當血壓的收縮壓高於140mmHg，舒張壓高於90mmHg即定義為「高血壓」。長期高血壓是心血管疾病的危險因子，易增加腦溢血、心臟病發的機率，也與許多慢性病如糖尿病、高血脂症的併發症病因有關。高血壓平常不易感受到任何症狀，除了可能有頭痛外，其他症狀多與器官受損有關，例如長期腎動脈高血壓會導致腎臟功能受損嚴重，而導致腎衰竭。

引起高血壓的原因主要有二，分別是①心輸出量增加②周邊小動脈血管阻力增加。年輕人大部分因交感神經過度被活化致使心輸出量增加，產生高血壓。而老年人的心輸出量可能是正常或低於正常值，但多因血管病變使周邊小動脈血管阻力增加，而造成高血壓。周邊小動脈血管阻力增加的原因，與血管收縮激素的分泌、血管內皮細胞長期受血流沖刷傷害，及脂肪沉積血管壁產生動脈粥樣硬化，導致血管管道縮小等因素有關。這些因素皆會使血管長期處在收縮狀態，以致高血壓。另外，肥胖的人因為全身血量增加，導致回心血量增加，增加心輸出量，長期使心臟需消耗更多能量，因此肥胖者的血壓也較容易升高。因此維持適當體重、避免多糖多脂多鹽的飲食、適當運動、作息正常、不抽菸喝酒、保持心情愉快等健康的生活習慣，均有助於控制血壓維持在正常範圍內。

◎常見的高血壓治療藥物

藥物	降血壓作用機制
利尿劑	加強腎臟對尿液的排出，降低體內全身血量。
貝他（β）阿法（α）阻斷劑	減少正腎上腺素或腎上腺素對心臟及血管的刺激作用。
鈣離子通道阻斷劑	抑制血管平滑肌收縮，減緩心跳速率。
血管張力素轉換酶抑制劑	抑制強力血管收縮激素—血管張力素的作用。
第二型血管張力素受器阻斷劑	抑制強力血管收縮激素—血管張力素的作用。

Chapter
5

呼吸系統

呼吸是透過肋骨、橫隔膜等人體結構一連串的機械變化所引起的動作，讓人能吸吐空氣。而呼吸系統中的肺臟，則在氣體進出體內外上扮演了重要角色；透過肺臟上頭的肺泡，以及纏繞於肺泡上的微血管，氣體就能從肺泡進入微血管、或由微血管進入肺泡中，達成氧氣入、廢氣出的「氣體交換」作用。

「呼吸」換得活著需要的氧氣

人體需要「呼吸」才能與外界環境進行氣體交換：將吸入的氧氣供給細胞進行氧化作用產生能量，也代謝其他有機分子達成生理作用，並將代謝後產生的廢氣二氧化碳排出體外，以再次換得氧氣，供應人體源源不斷的氧氣需求。

◎ 自呼吸系統換得氧氣

　　呼吸在生理上有兩種不同的作用：一是讓身體與外在環境做氣體交換的「系統呼吸」，發生位置在肺臟的肺泡；另一是讓身體細胞利用系統呼吸所吸入的氧氣，分解細胞內的養分，以產生能量分子ATP的「細胞呼吸」，發生位置在細胞的粒線體內。因此呼吸不僅是將氧氣吸入、二氧化碳排出的氣體交換，呼吸取得的氧氣也是人體製造能量的重要角色。

　　與外界環境交換氧氣和二氧化碳的系統呼吸作用，是透過口、鼻腔吸入空氣，經由氣管、支氣管及小支氣管組成的呼吸道，之後送入肺臟。肺臟主要由很小、氣泡狀的肺泡組成，肺泡上頭分布許多微血管，那些透過吸氣進入體內的空氣經由呼吸道送至肺泡後，便藉由擴散作用穿過微血管進入血液中，送入體內。氧氣在血液中會與紅血球內含的血紅素結合，透過血液循環將氧氣送至全身各組織器官，以進行細胞呼吸；而組織器官內細胞呼吸作用產生的代謝廢物二氧化碳則會溶入血液中，隨著血液循環進入肺臟，再呼出體外；此即為一完整的系統呼吸過程。

　　一般來說，人體每分鐘平均呼吸次數約是12～15次，然而，當體內的二氧化碳含量過多，會刺激體內負責控制呼吸的神經中樞——腦幹中的延腦，便會調節呼吸速率，命令呼吸速率加快，使二氧化碳呼出，以換得更多的氧氣進入體內，以維持氧氣的正常供給。

◎ 細胞需氧製造能量

　　系統呼吸作用所得到的氧氣，在肺臟中與紅血球內血紅素緊密的結合形成「氧合血紅素」，運送至器官組織後，由於此處氧氣量少加上酸鹼值與肺臟不同，因此容易使得氧合血紅素結合力減弱而釋出氧氣，再利用擴散作用進入細胞粒線體中，粒線體即可利用這些氧氣進行氧化代謝作用，將葡萄糖等養分分解形成人體可利用的能量分子ATP，供應需要消耗能量的生理活動，與代謝廢物二氧化碳；此即為細胞呼吸，又稱為呼吸作用。而二氧化碳會從細胞擴散進入微血管中，循流至肺臟以呼氣排出體外。

呼吸的目的

肺臟呼吸作用

口

肺

①鼻腔
吸入環境中的空氣，呼出體內的廢氣。

上呼吸道

②咽

③喉

④氣管

⑤支氣管
在肺內有二十個以上的分支，由環形軟骨支撐的管道。

⑥小支氣管
有肺泡和微血管。經由肺泡上的微血管中將氧氣送入血液，以及將血液中的廢氣送入肺泡。

含氧血進入　經由肺靜脈

經由肺動脈　送入

⑦左心房

⑪右心室

進入

進入

⑧左心室

⑩右心房

送入　經由大、小動脈

經由大、小靜脈　缺氧血進入

⑨體內各臟器細胞　供應氧氣給各臟器細胞，進行細胞呼吸作用：

氧氣供應細胞中的粒線體利用。

氧化作用等代謝後產生的二氧化碳等廢物，會送出細胞。

粒線體
負責運作氧化作用，將進入體內的養分代謝成可用的能量。

吸、吐氣仰賴胸腔的運動

人能藉由呼吸運動中,包括胸壁肌肉、肋骨及橫膈膜等一連串的機械性調節過程,將氧氣導入肺臟肺泡,讓人能因吸氣而獲得氧氣,並且也將體內不需要的二氧化碳透過呼氣而排出。

○ 肺臟「呼吸」需靠橫膈膜與肋骨幫助

　　人體的肺臟位於密閉的胸腔中,是由支氣管、小支氣管、肺泡管、肺泡構成,像由大大小小氣球組合般柔軟,不具有肌肉組織,所以無法透過神經系統控制肺臟本身的擴張及收縮,必須藉由胸腔內位於胸腔底部的肌肉組織—橫膈膜、肋骨間的肋間肌收縮與舒張來帶動相連的肋骨上抬與下降的位置改變,使胸腔擴張與縮小,胸腔壓力的改變協助氣體進出肺臟。而氣體進入肺臟的過程稱為吸氣動作,氣體由肺臟導出的過程稱為呼氣動作,因吸氣和呼氣交替進行著,使得胸腔處不斷地活動,因此統稱這些引起呼吸的機械性運作為「呼吸運動」。

○ 吸氣與呼氣動作如何產生

　　正常情況下,密閉的胸腔內部壓力為與外界一大氣壓相比為低是一負壓,就如一個皺縮的橡皮球,球內已經沒有空氣能釋放,必須再吸入空氣,才能飽滿。而吸氣與呼氣的動作即是由中樞神經透過調控肋間肌、橫膈膜及肋骨來改變胸腔內部的壓力,而引發的呼吸動作。當肋間肌和橫膈膜均收縮,肋骨向外上方移動,橫膈膜下降,造成胸腔擴大,使得外界(體外)的氣體壓力大於胸腔內部的壓力,氣體就會經由氣管流入,進入肺臟而膨大,即完成吸氣。反之,當肋間肌及橫膈膜皆為放鬆時,肋骨下降,橫膈膜上移,造成胸腔縮小,使胸腔內部壓力大於外界時,氣體便經由呼吸道排出,肺臟內縮,即完成呼氣。

　　一般而言,肺在吸氣之後不需要任何肌肉收縮,便會自動呼氣,因為呼氣是一種被動的過程,只需要靠肺與胸腔壁的彈性回復即可達成。但用力呼氣時則不同,需要腹部的肌肉用力收縮,向上擠壓,才能排出更多氣體。此外,呼吸運動頻率的快慢,會受到血液中二氧化碳濃度的調控,當二氧化碳濃度高時會刺激呼吸中樞腦幹,加快呼吸運動,以加快取得氧氣、排出二氧化碳。

呼吸的調節

呼吸中樞—腦幹 ┈┈ 刺激 血液中的二氧化碳濃度上升

控制 命令加快呼吸

胸壁肌肉、肋骨及橫膈膜調節著持續交替的呼吸動作。

吸入空氣 → ⬅ 呼出空氣

橫膈收縮（下移）   **橫膈舒張（上移）**

肋骨上升	肋骨下降
橫隔膜下降	橫隔膜上升
胸腔變大	胸腔變小

導致 ▼   導致 ▼

外界的空氣壓力
比胸腔內壓力大   胸腔內的空氣壓力
大於外界環境

引發 ▼   引發 ▼

吸氣   **呼氣**

促進 ▼

排出不要的二氧化碳、吸入需要的氧氣

為何會導致「氣胸」

當感覺胸悶、有輕微咳嗽及喘息時，可能是發生「氣胸」。所謂氣胸，是指胸腔某處破了一個洞，造成肺部塌陷，失去部分正常換氣的功能，所以患者容易有胸悶，呼吸會喘的症狀發生。造成氣胸的原因很多，有的是因太瘦胸壁太薄或外力刺穿胸壁造成，有些是因長期抽菸引起的自發性氣胸，另外，像是有氣喘、慢性阻塞性肺病、間質性肺纖維化、感染或是惡性腫瘤，也易引起續發性氣胸。

131

什麼是「肺活量」？

一個人用力吸氣吸飽後，再用力吐氣至不能吐氣為止的氣體總量，即「肺活量」。其量的多寡可反映肺的通氣功能及身體機能是否正常，因此醫院常透過肺量計測量肺活量的多寡，來檢測呼吸道問題。

◉ 如何測量肺活量？

生活中我們常聽到「肺活量」這個名詞，簡單來說就是指用力吸氣吸飽後，再用力吐氣至不能吐氣為止的氣體總量，是用來表示肺臟換氣功能是否良好的指標。一般正常人約為2.5～3.5公升，成年男性多於女性，運動員則通常比正常人高出兩倍的肺活量。

醫院常用肺量計來檢測肺功能，是一種測量吸氣與呼氣容積的儀器，當受試者吸氣時肺量計的指針向上移動，而呼氣時指針向下移動。經由肺量計可測量平靜、不特別深呼吸時的「潮氣容積」，大約為500毫升；深深吸氣到最飽的容積，稱為「吸氣儲備容積」，約為潮氣容積的六倍；平靜呼氣之後再用力吐氣吐盡的容積，稱為「呼氣儲備容積」，約為潮氣容積的三倍。將潮氣容積、吸氣儲備容積，及呼氣儲備容積將這三種容積相加，即可算出「肺活量」。

◉ 肺活量測定的應用

臨床上利用肺量計測量肺活量，可當做阻塞性肺病或限制性肺病基本判定依據，尤其是一個人做了最大的吸氣後，再用最大力氣，在第一秒內呼氣的容積，英文簡稱FEV1，這個數值最為重要，因為正常人在一秒時可呼出大約80％的肺活量，而阻塞性肺部疾病，像是氣喘、肺氣腫，因呼吸道狹窄阻力增加，無法讓呼出的空氣快速地通過，因此這類患者第一秒內呼氣的容積占肺活量的比例通常少於正常人。

不過，限制性肺病如肺部纖維化、胸膜炎及呼吸窘迫症，是因肺臟組織異常，導致呼吸氣體交換的動作有缺陷，肺活量降低，但因呼吸道阻力正常，第一秒內呼氣的容積占肺活量的比例仍為正常，因此必須透過肺活量的總量變化，才能發現異常的狀況。

肺活量的計算

潮氣容積
- 平靜不特別深呼吸時的潮氣容積。
- 一般人大約為500毫升

吸氣儲備容積
- 吸氣到最飽的容積。
- 一般人約為潮氣容積的6倍。

呼氣儲備容積
- 平靜呼氣之後在用力吐氣吐盡的容積。
- 一般人約為潮氣容積的3倍。

肺活量
- 用力吸氣吸飽後，再用力吐氣至不能吐氣為止的氣體容積總量。
- 正常約有2.5～3.5公升。

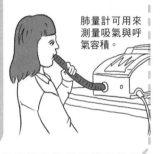

肺量計可用來測量吸氣與呼氣容積。

臨床應用

檢測數值：第一秒內呼氣的容積（FEV1）與肺活量得比值小於0.8。

檢測數值：肺活量降低，但FEV1與肺活量的比值正常。

阻塞性肺病
例如：氣喘、肺氣腫。
成因：呼吸道狹窄阻力增加。

限制性肺病
例如：肺部纖維化、胸膜炎及呼吸窘迫症。
成因：肺臟組織異常。

肺泡與血液如何交換氣體

肺臟是由許多肺泡與微血管所構成的一個軟組織，能利用血液中紅血球內血紅素的攜帶與釋放，與肺泡進行氣體置換，而將吸入的新鮮氧氣，送入體內供應所需，以及將內體代謝產生的二氧化碳廢氣，順利排出。

● 肺中的二種肺泡

　　肺支氣管上有許多與其相通且成團的肺泡，氣體可在兩者間流通，而這些肺泡是人體將由外界環境吸入的空氣或是將體內欲呼出的空氣進行交換的主要地方，由兩種型態的上皮細胞所組成；一種是主要負責肺臟內部氣體交換的「第一型肺泡細胞」，其為扁平上皮細胞，占肺臟總表面積的大多數，約95％。一種則是可分泌表面張力素的「第二型肺泡細胞」，又稱為中隔細胞，細胞型態為較厚的柱狀上皮細胞，透過分泌由卵磷脂構成的表面張力素，降低肺泡表面水層的表面張力，使肺泡像吹氣球一般容易撐開，防止塌陷，也幫助吸收水分與離子，避免肺泡內有過多液體，形成肺水腫。

　　另外，第二型肺泡所分泌的表面張力素還可增加「順應性」，也就是說使肺泡變得容易被進入的氣體撐開，進而提升肺臟換氣的效率。而當人深呼吸時，就能讓第二型肺泡緩緩伸展，而促進表面張力素分泌增加，來維持其順應性。然而，若肺泡上的表面張力素分泌不足，就易造成換氣上的困窘，例如發生於早產兒的「新生兒呼吸窘迫症」，嚴重者甚至會導致死亡。

● 肺泡氣體交換的原理

　　肺泡外壁表面包含許多微血管及很小的組織間隙，且肺泡表面底部與微血管管壁內皮層融合在一起，這樣一來，便使微血管內血液與肺泡內空氣之間的間隔變得非常微小，加上肺泡與微血管間接觸的表面積非常大，在此條件下，呼吸運動所吸入的氧氣與身體代謝產生的二氧化碳廢氣，即可利用擴散作用快速進行氣體的交換：將肺泡中的氧氣擴散至血液中，由紅血球內血紅素攜帶，順著血液循環路徑，進入全身各組織器官利用；而血液中的二氧化碳則擴散入肺泡中，再順著支氣管呼吸道，排出體外。另外，有些肺泡壁上具有孔洞，當與肺泡連接的氣管道阻塞時，空氣仍可藉由此孔洞互相流通，進出肺泡。

肺泡細胞的類型與功能

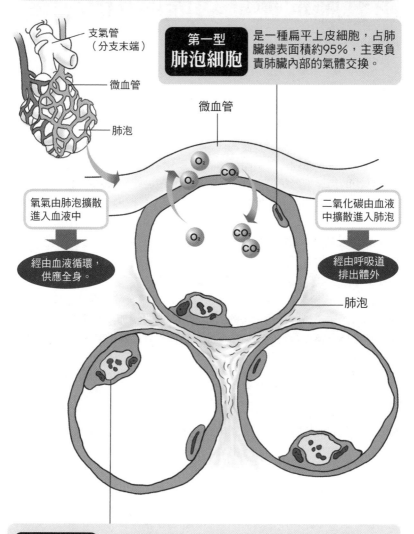

支氣管
（分支末端）

微血管

肺泡

微血管

第一型
肺泡細胞

是一種扁平上皮細胞，占肺臟總表面積約95%，主要負責肺臟內部的氣體交換。

氧氣由肺泡擴散進入血液中

經由血液循環，供應全身。

二氧化碳由血液中擴散進入肺泡

經由呼吸道排出體外

肺泡

第二型
肺泡細胞

稱為中隔細胞，其細胞型態為較厚的柱狀上皮細胞，可分泌表面張力素，主要作用：
● 降低肺泡表面張力。
● 增加肺的順應性。
● 維持大小肺泡容積的相對穩定。
● 防止肺部不擴張。
● 防止肺水腫。

影響肺泡換氣功能的因素

肺臟內的肺泡最重要的功能就是執行氧氣與二氧化碳的氣體交換，但是我們每一次呼吸進出呼吸道的氣體容積量並不一定百分之百都可達到氣體交換的作用，解剖性死腔容積量和血液灌流量是影響肺泡氣體交換的兩個主要因素。

● 量測肺泡的換氣能力

自外界吸入的氧氣以及體內代謝後的二氧化碳都必須經由肺泡交換進出後，才能送入體內或排出體外。臨床上，可透過比對「肺泡換氣量」來了解肺泡的換氣情形是否良好，此量就是指每分鐘進入肺泡進行交換的氣體量，可由肺量計所量測得到的「潮氣容積」（平靜狀態下每次呼吸）與「解剖性死腔容積」相減的差值，再乘以每分鐘的呼吸頻率而得。其中所謂的解剖性死腔，又稱為解剖無效腔，指的是在每次呼吸運動中最後吸進去或最先呼出來的氣體，這些氣體只能到達呼吸道中的氣體傳導區，而無法進出肺泡行氣體交換，因此必須扣除。

經由實驗求得，一般正常人的解剖性死腔容積量約為潮氣容積量（500毫升）的三分之一，因此每個人的解剖性死腔容積量約為150毫升，也就是說每次呼吸約有三分之一的氣體量是沒有用的，這些氣體不會經肺泡交換供以人體利用。

● 流經肺泡的血液都含氧嗎？

肺泡間的「血液灌流量」是指流經肺部的血液量，目的是將吸入的新鮮氧氣溶入無氧血液中並帶到組織利用，以及將組織行細胞呼吸作用代謝產生的二氧化碳帶回肺部呼出，因此灌流量也是影響肺泡氣體交換的因素之一。然而，灌流量會受重力的影響而有不同，使得在肺臟下方的灌流量比上方來得大，因此產生「分流」。分流在呼吸生理學上是指雖然經過呼吸系統、但是卻沒有做氣體交換的血液，在肺部循環後出來仍是無氧血液，例如支氣管循環，屬於體循環的一部分，供應著支氣管養分，卻沒有做氣體交換，故這部分的血液量，可視為分流。

理想狀態下，肺泡氣體的進出量與肺泡間的血液灌流量的比值應等於一，代表進入肺臟的氣體都有足夠的血液帶至組織利用，然而因解剖性死腔與分流的因素，所以正常狀態下比值約為0.8。而且當肺部氣管阻塞時，因肺泡氣體進出量減少，故比值下降；當肺臟微血管阻塞時，因肺泡間的血液灌流量減少，故比值上升，這些情況即稱為「換氣-灌流不均」。

影響肺泡氣體交換的因素

良好的氣體交換下

$$\frac{\text{肺泡氣體進出量（V）}}{\text{肺泡間的血液灌流量（Q）}} \fallingdotseq 1$$

實際情形

影響因素

在每次呼吸運動中，會有無法進出肺泡進行氣體交換的氣體容積量。

稱為「解剖性死腔」

影響因素

當血液流經肺部後，會有完全沒進行氣體交換的血液。

稱為「分流」

可由「肺泡氣體進出量（V）」得知

- 每分鐘進入肺泡進行交換的氣體量。
- 計算方式：

潮氣容積與解剖性死腔容積相減的差值
×
分鐘的呼吸頻率

可由「肺泡間的血液灌流量（Q）」得知

- 流經肺部的血液量。
- 功能有二：

- 將吸入的新鮮氧氣溶入無氧血液中，帶到組織利用
- 將組織代謝後產生的二氧化碳帶回肺部呼出。

導致

V/Q 比值下降

可能是肺部氣管阻塞，導致肺泡氣體進出量減少。

V/Q 比值上升

可能是當肺臟微血管阻塞時，肺泡間的血液灌流量減少而導致。

血液如何運送氧氣與二氧化碳

經由肺泡氣體交換進入循環系統的氧氣，和組織進行代謝後釋放進入循環系統的二氧化碳，在血液中的運送方式各有不同，氧氣多利用與血紅素的結合來運送，二氧化碳則是多以重碳酸根離子型式透過血漿來運送。

◉ 氧氣如何在血液中運送

人體吸入的新鮮氧氣必須經由呼吸道進入肺泡，再擴散進入血液中，才能經由血液循環將氧氣送入全身所需之處。而血液中紅血球內主成分為「血紅素」，其每個血紅素可與四個氧分子結合，使血液能運送大部分的氧氣。另外，約3％左右的氧氣會直接溶於血漿。

然而人體內並非只有氧氣能與血紅素結合，存在血液中的一氧化碳、紅血球進行糖解作用的中間產物—雙磷酸甘油酸鹽等，都會與氧氣競爭與血紅素的結合位置，且血液的酸鹼值、溫度等因素也會影響兩者的結合力，而影響氧氣的運送。一氧化碳與血紅素結合的親和力是氧氣的二百倍，因此人若吸入過多的一氧化碳，就會讓更多的一氧化碳先與血紅素結合，導致組織無法獲得足夠的氧氣而缺氧，這也就是瓦斯中毒所導致的一氧化碳中毒，症狀並不明顯僅有疲倦想睡，因此中毒嚴重者將導致血液缺氧休克死亡。

至於人體內的血液酸鹼度則會因血液中的雙磷酸甘油酸鹽及二氧化碳過高，或代謝作用產生過多的氫離子而降低，而促進血紅素與氧分子解離，使氧氣無法透過血紅素的運送，供應至需要的組織器官中，同樣地將導致缺氧休克，甚至死亡。

◉ 二氧化碳如何在血液中運送

除了代謝需要的氧氣，人體內經代謝後產生的廢氣二氧化碳，也必須經由血液運送，擴散至肺泡處，才能由呼吸道呼出體外。二氧化碳主要由組織細胞行細胞呼吸代謝作用產生，不過其在血液中的溶解度較氧氣高，所以正常情況下，每一百毫升的缺氧血中就含有四毫升的二氧化碳。

二氧化碳能透過血液運送的方式有三：大部分（約有70％）的二氧化碳是經由紅血球中碳酸酐酶酵素的作用，轉變為碳酸，再分解為重碳酸根與氫離子，溶入血漿中運送，運送至肺泡處時兩者再結合為二氧化碳呼出體外；其次，約有20％是與血紅素結合而形成「碳醯胺基血紅素」隨血液循流運送；剩下10％則以二氧化碳的形式直接溶解於血漿中運送。

血液運送氣體的方式

血液如何運送氧氣，供應至細胞

例如 氧氣從肺泡進入血液，透過血液運送至全身。

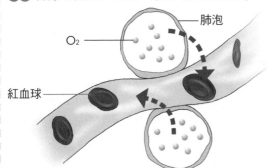

運送方式①

大部分的氧氣與紅血球內血紅素結合而運送。

運送方式②

少數的氧氣（約3%）直接溶於血漿來運送。

血液如何運送不需要的二氧化碳，以排除體外

例如 細胞代謝後產生的二氧化碳進入血液，透過血液運送至肺泡排出體外。

運送方式①

70%的二氧化碳會以重碳酸根和氫離子的形式，溶於血漿中運送。

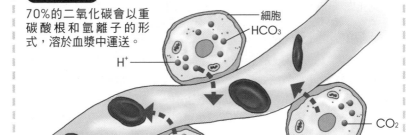

運送方式②

約20%的二氧化碳與血紅素結合形成碳醯胺基血紅素來運送。

運送方式③

10%的二氧化碳直接溶於血漿來運送。

神經中樞如何控制呼吸節律

人能規律地、順暢的呼吸，是由腦幹中的橋腦及延腦發出命令，持續不斷地調節運作著，以維持生命所需最基本的氣體交換。

◉ 延腦中樞控制呼吸的基本節律

呼吸的基本節律是由橋腦及延腦的神經元所控制，因此橋腦與延腦所在的「腦幹」稱之為呼吸中樞。此神經的調控是自動發生（自主性）、具有節律性的，能不間斷且規律地讓人自然地吸吐，不需大腦一直有意識地下達命令才運作。

其中位於腦幹下方的延腦，控制呼吸的神經元有兩個：一個主要控制呼吸的基本節律，讓人在正常靜止狀態下，自主地按著吸氣持續時間約2秒、呼氣時間約3秒的節律呼吸著，且主要是控制吸氣動作的產生。因為基本上，呼氣是屬於被動的過程，當吸氣使胸腔飽滿後，胸腔壁肌肉的回彈便可將氣體呼出，所以大部分呼吸中樞的神經元都僅調控「吸氣」，且平時靜止時多仰賴其調節呼吸的節律。不過延腦另有一個神經元可同時控制吸氣和呼氣的產生，因此也是體內唯一可以調節呼氣深度及頻率的神經元，讓人在需要改變呼吸的狀態時，可再行調節。

◉ 橋腦中樞進行呼吸的微調

位於腦幹上方的橋腦也具有兩個控制呼吸的神經元區。位於橋腦上方三分之一處為呼吸調節中樞，負責呼吸速率的微調工作，藉由抑制控制吸氣作用的橫膈膜動作電位，來加快呼吸速率，因此，當呼吸調節中樞訊號很強時，吸氣持續時間便縮短，最快可以增加每分鐘30～40次的呼吸速率；另一個「長吸中樞」即是位於橋腦下方三分之二處，其可傳遞訊號給下游的延腦呼吸神經元群，產生吸氣，並且又回頭抑制橋腦上方的呼吸調節中樞，使之訊號減弱而增加持續吸氣時間來引起長吸氣，例如劇烈運動或恐慌時，體內氧氣不足，二氧化碳濃度過高時，便會刺激橋腦控制呼吸的神經元，以加快、加深呼吸，儘快排出過多的二氧化碳。

除了神經能自主性地調節呼吸外，人體也可透過大腦意識來控制呼吸，例如：人能自己控制間歇或短暫地停止呼吸，以完成演說、唱歌或是游泳憋氣等活動。另外，人體內也有些接受器，能將其受到的刺激感受如肺臟膨脹程度、體內的氫離子濃度回報至神經中樞，以調整呼吸的狀態。

呼吸節律的神經控制

正常平靜狀態下
平靜呼吸每分鐘12～18次

控制中樞：延腦
由一神經元同時控制呼吸的節律

引起

橫膈膜收縮而吸氣，再被動地產生呼氣。

| 橫膈膜收縮 | 導致 | 吸氣 |

引起

| 肺部擴大的胸壁自動彈回 | 導致 | 呼氣 |

產生

呼吸動作
自主依照吸氣與呼氣節律呼吸著。

| 吸氣約2秒 | ＋ | 呼氣約3秒 |

體內二氧化碳濃度升高
例如：環境缺氧或運動

刺激

延腦
由一神經元控制呼氣的動力

導致

主動進行呼氣

橋腦
①呼吸調節中樞

促進

加快呼吸速率

②長吸中樞

促進

吸氣加深

導致

加快、加深呼吸，儘快排出體內過多的二氧化碳。

人體怎麼知道該換呼吸頻率了

為什麼即使用力大口吸氣，肺臟也不會漲破？這是因為人體內具有感受器，能將氧、二氧化碳濃度改變，或肺部過度擴張等狀態，通報呼吸中樞，即刻調節呼吸運動，避免傷害。

○ 由化學性接受器感知的呼吸調節

　　人體所吸入的或欲排除的氣體均由血液來運送，因此在血管內便各別占有空間，而形成壓力，就如想像大量的氧氣在血管中聚集，占據了大部分的空間，對血管中的其他物質如血漿、血球等便產生了壓力，此由氧氣造成的壓力即稱氧氣分壓，同樣地，若為二氧化碳即稱之為二氧化碳分壓。而分壓愈高，可表示此氣體在血液中的含量愈高，因此臨床上應用於判讀肺臟換氣是否正常。

　　人體能透過分布於中樞和周邊的化學接受器，感受目前血液中氣體壓力的變化，以回報大腦等中樞系統調整呼吸的頻率，讓人能唱歌、演講、跑步、登山等。位於延腦中樞有一化學接受器，會在腦部血液中的二氧化碳分壓過高，二氧化碳形成碳酸使酸鹼值（pH）值降低時受到刺激，將此訊息傳於中樞系統，調整增加呼吸的頻率，以加速二氧化碳排出。

　　於周邊神經也有二處化學接受器，分別是在頸動脈竇上的頸動脈體和主動脈上的主動脈體，兩者都會受到血中二氧化碳分壓上升、氫離子濃度上升及血中氧分壓大幅降低的刺激，將訊息傳入中樞系統調節呼吸的頻率。例如當動脈血中二氧化碳分壓上升，會立即刺激周邊的化學接受器，以增加換氣，加速排除二氧化碳；當身體代謝作用中產生的氫離子和血中二氧化碳轉變形成的碳酸，會降低血中酸鹼值，而刺激周邊的化學接受器，促進提升換氣的頻率。

○ 由機械性接受器感知的呼吸調節

　　體內除了能感受氣體變化調節呼吸，當用力大口吸氣時，位於肺臟內部的機械性接受器——「伸張接受器」，也能偵測到肺部過度擴張被拉扯，立即產生神經訊號，沿著迷走神經抑制吸氣中樞而促進呼氣，來避免肺泡過度膨脹而破裂。這是人體的一種保護性反射，稱為「膨脹反射」或「赫布二氏反射」，讓人即使用力大口吸氣也不致於使肺臟脹破。另外，我們的呼吸道也存有一些具有誘發保護性反射（如咳嗽、噴嚏）的接受器，藉由這些反射來排除在呼吸道內對人體不好的分泌物。

哪些因素會刺激呼吸的調節

腦部血液中的二氧化碳分壓過高（血中酸鹼值降低）時

例如 用腦過度，腦中二氧化碳多。

刺激 →

中樞化學接受器
延腦

促進 →

增加呼吸頻率，加速排出二氧化碳、吸入更多氧氣。

● 血中二氧化碳分壓上升
● 氫離子濃度上升
● 血中氧分壓大幅降低

例如 吸入過度濃煙。

刺激 →

周邊化學接受器
①主動脈上的主動脈體
②頸動脈竇上的頸動脈體

促進 ↗

肺部過度擴張、過度拉扯

例如 用力大口吸氣。

刺激 →

機械性接受器
肺臟內部伸張接受器

促進 →

抑制吸氣中樞而進行呼氣，避免肺泡過度膨脹而破裂。

人無法挑戰的生理極限──高壓、缺氧

　　人體的組織系統具有調節能力，能維持恆定，但仍有極限。就如人能透過呼吸系統調節呼吸的頻率和深度，讓人即使在氣體變化較大的地方，也能維持足夠的氧氣供應，支撐人體需求。但如果氧氣嚴重不足的話，就會讓呼吸調節的功能失調，導致體內氧氣供應不足，造成危害。例如高山症，又稱為高原反應，就是人體在低壓、缺氧的高山環境下所產生的功能失調狀況。

　　在攀登超過二千公尺高山時，隨著高度的上升，山上的空氣愈稀薄，單位面積下空氣的重力──即氣壓較海平面低（海平面大氣壓為一大氣壓，相當於76公分水銀柱。每上升12公尺，大氣壓便下降0.1公分水銀柱），此時登山客們若短時間內快速地由海平面上升到超過二千公尺的高度時，身體就會因無法立即適應高山低壓及缺氧的環境，造成紅血球血紅素攜氧能力下降，產生急性高原反應症狀。輕度症狀有頭痛、頭暈、噁心、水腫等，重度症狀有意識模糊、步態不穩、休息時呼吸困難、以及嘴唇或指甲發紫，甚至引發急性肺水腫及腦水腫而猝死。

　　由此可知，人對於「環境壓力」的承受度也僅有一定的適當範圍，當壓力過高或過低都會影響體內氧氣及二氧化碳等氣體的溶解、血液循環等正常的運作。

　　除了高山症，同樣會導致呼吸困難的潛水夫病，又稱為減壓症。因為潛水時，每往下10公尺左右，身體便會再多承受一大氣壓的壓力，變高的壓力會增加氣體的溶解力，像是碳酸飲料將二氧化碳利用高壓溶入調置好的糖水製成汽水一般，在深海中潛水不只增加了血液中氧氣和二氧化碳溶解力，甚至連身體不會利用的氮氣也溶入體內進入脂肪組織中。當慢慢浮出海面時，隨著壓力逐漸減低，這些溶入組織的氣體會漸漸進入血液，再經由肺循環由肺泡溢散出體外。但如果急速地由深海回到岸上，沒有經由緩慢減壓步驟的話，就像瞬間打開汽水瓶一般，氮氣快速地游離出來，形成氣泡進入血液，造成氣體栓塞阻礙血液的循流，而產生全身肌肉痠痛、心搏加快、甚至心肌梗塞。減壓症不只出現在潛水時，乘坐飛機因機艙瞬間失壓，也同樣會導致類似的症狀出現。

Chapter
6

內分泌系統

內分泌系統是由分布在體內胰臟、腎臟、卵巢、睪丸等各器官中的內分泌腺體細胞所組成。這些細胞會製造、並分泌激素，經由血液運送到作用器官上，以發揮必要的生理作用，包括發育生長、營養代謝、生殖維持、反應調節等。就如緊張時，腎上腺分泌的腎上腺素可使心跳加快、肌肉收縮力增加，讓我們能保持思路清晰、力氣變大來應付狀況。

透過激素長期調節生理作用

除神經系統外，內分泌系統也是調節人體生理現象的重要系統之一。神經系統利用電訊號傳導，快速調節生理，以應付危急。內分泌系統則以化學物質的釋放做長時間的調節，使反應持久，幫助情緒、消化與生育等狀態的維持。

● 內分泌系統由內分泌腺所組成

內分泌系統由許多內分泌腺體組成，其可分泌激素（俗稱荷爾蒙），再經血液循環送至標的細胞作用而引起反應，例如位於胰臟內部的內分泌腺體——蘭氏小島（簡稱胰島）能分泌胰島素作用於肝臟、肌肉及脂肪細胞（標的細胞），以控制血糖影響體內代謝活動；腦中的腦垂體能分泌生長激素作用於除了神經組織外的軟組織及骨骼，影響生長；及性腺激素作用於生殖器官中，影響生殖等作用，這些反應的時間可維持數小時或更久，有些反應甚至會以回饋的方式去抑制或更促進激素的分泌。

在人體內這類內分泌腺體組織包括有下視丘、腦下垂體、甲狀腺、副甲狀腺、腎上腺、松果腺、胸腺等。除此之外，心臟、腎臟、胰臟、胃、卵巢等器官也具有內分泌腺體可分泌激素。少數屬於神經系統的組織如下視丘或腎上腺，則是由神經末梢直接分泌激素釋放至血液，稱為「神經內分泌腺體」。

● 不同種類的激素有不同特性

激素主要有四種功能，包括了調節代謝、維持水分與電解質平衡、促進生長與發育及生殖器官成熟與行為，能協助人體維繫生命和延續生命。而人體內的激素依照不同的化學組成，大致分為三個種類，且呈現出不同的特性。例如：構造最簡單的胺類激素，是化學結構上含有「胺基」的小分子化合物，水溶性的腎上腺素、正腎上腺素及脂溶性的甲狀腺素均屬此類；而由3個～200個胺基酸分子連接而成的胜肽與蛋白質類激素都屬水溶性，包括有生長激素、胰島素等；另外還有由類固醇衍生而來的固醇類激素則屬脂溶性分子，包括有卵巢及睪丸分泌的性腺激素、腎上腺分泌的醛固酮及糖皮質素等。

通常水溶性的激素作用活性較短，因此平時腺體細胞會先將其製作好，以囊泡包裝備用，需要時再以胞吐作用分泌至血液內。而相較於水溶性激素，脂溶性激素的作用活性較長，缺乏時對身體並不會有立即性的影響，因此體內通常不會預先製造，儲存起來，僅在需要時才會製造。

內分泌與神經系統的作用目的

內
分
泌
系
統
的
作
用
方
式

刺激

↓ 傳入

內分泌細胞

分泌

↓

激素

→ 經由血液循環 進入 →

特定組織器官的細胞

與細胞上的接受器結合，引起細胞的生理作用。

→

特色
●作用時間長。
●傳訊速度慢。

目的
維持穩定、長期的生理狀態。

例如

火災避難

↓ 傳入

腎上腺髓質

分泌

↓

腎上腺素

→ 經由血液循環 進入 →

心血管系統
●心跳加快、血壓上升。
●肌肉收縮增強。

提供人體能量，協助應付危機。

神
經
系
統
的
作
用
方
式

刺激

↓ 傳入

感覺神經

傳入 →

以電訊號傳遞

中樞神經
大腦或脊髓發出命令。

傳入 →

運動神經

↓

動器

器官、四肢等產生反應或動作。

→

特色
●作用時間短。
●傳訊速度快。

目的
短時間快速應付緊急狀況。

例如

手碰到熱水

↓ 傳入

 感覺神經

傳入 →

以電訊號傳遞

脊髓
整合訊息並發出命令。

傳入 →

運動神經

↓

手部肌肉

肌肉收縮，手快速伸回。

快速應變，避免受傷。

激素會在哪裡作用呢？

人體內所分泌的激素都必須先和細胞（欲產生作用的組織器官）上的接受器結合，才能發揮作用。而水溶性及脂溶性激素還須分別與細胞膜上或細胞內相對應的接受器結合，才能引發不同作用機制，影響細胞中不同的生理作用。

◎ 啟動作用的關鍵——激素與接受器結合

人體內有許多種激素，這些激素會透過與細胞上具專一性的接受器結合，這些接受器就如形狀不同的積木，只會與其形狀相對應的激素結合，來引發細胞產生生理作用，由此可知，特定的激素才能影響特定細胞進行生理作用，且不同的激素也會引起細胞進行不同的生理作用。

這些細胞上的接受器大部分是蛋白質，會分布在細胞膜、細胞質或細胞核上，而不同種類的激素會與不同位置的接受器結合，位在細胞膜上負責接受水溶性激素胜肽與蛋白質類激素的接受器雖有四類，但70％左右的接受器是「G蛋白嵌合型接受器」，另外30％為「酪胺酸激酶聯合接受器」、「酪胺酸激酶接受器」及「離子通道型接受器」，這些接受器與水溶性激素結合後，會先啟動細胞內的傳訊作用，也就是透過「傳訊分子」將激素所帶來的訊息傳入細胞中，才能引起特定的生理作用。至於固醇類激素等脂溶性激素則是只要在血液中運送時，與「結合蛋白」結合，就能直接穿透細胞膜與細胞質或細胞核上的接受器結合，因此能更直接地影響細胞內遺傳物質基因的調控。

◎ 激素如何影響身體的生理作用

胰島素、生長激素等水溶性激素與細胞細胞膜上的接受器結合後，便吸引細胞中的「第二級傳訊者」如環腺苷酸（cAMP）、鈣離子或磷脂纖維醇（IP_3）等化學分子靠近來接收訊息，並接連透過幾次傳遞，讓訊息最終能傳至作用位置如細胞內的分子物質或細胞核等，達成所需的生理作用，例如吸收養分（如胰島素可引發肌肉細胞內的葡萄糖轉運蛋白轉運至細胞膜上，使血液中的葡萄糖能吸收進入細胞中）、或是調節酵素活性（如胃泌素可促進胃酸分泌，以利消化酵素胃蛋白酶保持活性）。

脂溶性的激素則是與細胞內接受器結合後，直接形成二聚體（兩分子相連在一起的化學結構），結合到細胞核內遺傳物質DNA上，影響基因調控製造傳訊RNA（mRNA）產生新的、需要的蛋白質，進而影響生理作用，過程中並不需要第二傳訊者的協助。

激素作用的機制

水溶性激素如何發揮作用

> 胰島素、生長激素、甲狀腺刺激素、降鈣素、催產素等都是此類。

以「腦下垂體分泌甲狀腺刺激素，刺激甲狀腺素分泌」為例。

Step 1

激素與細胞膜上的相對應的接受器結合。

例如 甲狀腺刺激素，與甲狀腺細胞上的接受器結合。

接受器
甲狀腺細胞
甲狀腺刺激素（第一傳訊者）

Step 2

由第二傳訊者接收訊息，將訊息傳給欲作用的位置。

例如 接受到訊息的第二傳訊者，再將訊息傳至囊泡。

接受器
甲狀腺細胞
第二傳訊者　囊泡

Step 3

細胞進行分泌所需物質、調節酵素活性等生理作用。

例如 細胞中的囊泡開始以胞吐作用分泌甲狀腺素，以加速體內代謝，提升精神。

甲狀腺細胞
甲狀腺素　囊泡

脂溶性激素如何發揮作用

> 糖皮質素、動情素、睪固酮、醛固酮、甲狀腺素等都是此類。

以「腎上腺皮質分泌糖皮質素，促進血糖上升」為例。

Step 1

激素直接進入細胞內，與細胞內或細胞核上的接受器結合。

例如 糖皮質素進入肌肉細胞中與接受器結合。

糖皮質素　接受器
肌肉細胞　細胞核

Step 2

激素與接受器結合後，再影響核內DNA的激素調節因子上。

例如 糖皮質素與接受器形成二聚體，影響細胞核內的DNA。

糖皮質素　接受器
肌肉細胞　細胞核

Step 3

細胞調控基因以製造需要的蛋白質，影響生理作用。

例如 細胞內產生能分解蛋白質為葡萄糖的酵素，葡萄糖進入血液中，血糖即上升。

酵素　肌肉細胞

149

如何調節激素的分泌量

內分泌系以「回饋」的方式來調節激素的分泌量，即腺體分泌激素後，此激素的分泌量會影響腺體是否再分泌，包括有負回饋及正回饋兩種調節機制。

◎ 回饋控制——負回饋

人體內大部分的激素會以「負回饋」的機制來調控生理反應，此即當激素分泌太多時，此激素會反過頭來抑制內分泌細胞，減少激素的分泌量。例如下視丘-腦下垂體-標的細胞軸線下所分泌的激素，均常以負回饋機制來調控分泌量，就如下視丘分泌釋放激素，刺激腦下垂體分泌甲狀腺刺激素，以促使甲狀腺細胞分泌甲狀腺素。當甲狀腺素過量分泌，便會刺激下視丘停止釋放激素的分泌。

以下視丘-腦下垂體-標的細胞的分泌軸線來看，若是最後端的標的細胞分泌過多的激素量如甲狀腺分泌過多甲狀腺素，回饋減少的是最前端下視丘分泌的激素如抑制釋放激素的分泌量，這樣回頭反應的路徑較遠、較長，稱為「長路回饋」；另外，若由軸線中央的腦下垂體，所分泌的激素量如甲狀腺刺激素分泌過量，去回饋減少下視丘激素的分泌，或是下視丘自身分泌的激素如釋放激素、抗利尿激素會抑制下視丘本身的激素分泌，兩者回頭反應的路徑均較短，則稱為「短路回饋」。

◎ 回饋控制——正回饋

不過人體內仍有少部分的激素會以「正回饋」的方式調控其分泌量。透過正回饋，激素所產生的反應可增加激素分泌量，加強最初的刺激作用。人體內較少發生正回饋，通常以性腺如卵巢及睪丸分泌與生殖有關的激素較為常見。例如女性排卵前，卵巢所分泌的動情激素會以正回饋調控方式，促使下視丘持續且大量分泌促性腺激素，並刺激腦下垂體分泌濾泡刺激素及黃體刺激素，進而誘發卵巢內濾泡細胞成熟而排卵。

除了激素本身分泌量的影響外，回饋機制也會由標的細胞在分泌激素後，所執行的生理作用，來調控激素的分泌量，例如體內血糖太高時，胰臟的胰島細胞會分泌胰島素，促進血中的葡萄糖進入細胞，降低血糖，當血糖回復至正常範圍時，此訊息便會回饋抑制胰島細胞再分泌胰島素。

激素分泌量的控制

激素分泌太多時，會抑制激素的分泌，減少分泌量。

 當甲狀腺過量分泌甲狀腺素時，會抑制下視丘分泌釋放激素、及抑制腦下垂體分泌甲狀腺刺激素。

下視丘 分泌釋放激素	→命令→	腦下垂體 分泌甲狀腺 刺激素	→刺激→	標的器官 甲狀腺分泌 甲狀腺素

分泌過量時

↑ ·········· ↑ ·········· 抑制

負回饋機制

激素分泌後又增加了激素的分泌，以大量激素來加強刺激作用。

 卵巢分泌動情素後，會促進下視丘持續分泌促性腺激素及腦下垂體持續分泌濾泡刺激素及黃體刺激素，以持續刺激卵巢濾泡細胞成熟，以促成排卵的生理階段。

下視丘 分泌促性腺激素	→命令→	腦下垂體 分泌濾泡刺激素 及黃體刺激素	→刺激→	標的器官 卵巢分泌動情素

↑ ←──────── 持續促進

正回饋機制

↑ 影響

標的器官分泌激素所引發的生理反應，也會啟動回饋機制，調節激素分泌量。
 血糖的調節。

生理反應

血糖太高	→刺激→	胰臟胰島 細胞	→引起→	**血糖回復正常**

↑ ·········· 抑制 ·········· ↑

下視丘與腦下垂體分泌的激素

下視丘與腦下垂體分泌許多激素控制身體其他內分泌器官的分泌活性，形成下視丘-腦下垂體-標的器官刺激軸線，由下視丘分泌釋放或抑制因子調控腦下垂體激素的分泌，再影響標的器官分泌激素或蛋白質引起生理反應。

◎ 由下視丘所分泌的激素和作用

　　大腦中的下視丘約重4克，形狀像一顆大紅豆，是由約由9～10個神經細胞聚集的神經核所組成，每個神經核能分泌1～2種激素。而下方直徑約1公分的腦下垂體，結構上分有「前葉」與「後葉」。下視丘會將分泌的「釋放因子」經由垂體門靜脈送到腦下垂體前葉，來刺激其分泌激素，當分泌太多時會經由負回饋控制下視丘分泌「抑制因子」抑制激素再分泌。透過分泌釋放及抑制因子，下視丘便能控制人體內多數激素的運作。

◎ 腦下垂體的功能

　　腦下垂體前葉內有許多內分泌腺體細胞，能在下視丘分泌的調控因子刺激下，分泌生長激素、泌乳激素、甲狀腺刺激素、促腎上腺皮質素、黃體刺激素及濾泡刺激素等激素，分別控制著體內多項重要的生理反應，包括如與生長發育有關的生長激素，孩童若分泌過少會造成身型矮小的侏儒症、分泌太多則造成身型過高的巨人症；泌乳激素能促進女性哺乳時乳汁的製造；濾泡刺激素能刺激女性卵巢中濾泡發育與成熟、男性精子的製造與成熟；黃體刺激素能刺激女性正常排卵，也可促進男性分泌雄性激素與第二性徵的表現；甲狀腺刺激素會刺激甲狀腺分泌甲狀腺素，調節代謝速率；促腎上腺皮質素會刺激腎上腺皮質分泌礦物質皮質素、糖皮質素及雄性素，調節體內多項與水分、能量恆定及生殖有關的生理運作。

◎ 腦下垂體後葉與下視丘的激素及其作用

　　下視丘上尚有兩處神經核：上視核及旁室核，能分別分泌催產素及抗利尿激素，並利用神經纖維送到腦下垂體後葉儲存，需要時再釋放。腦下垂體後葉是由神經細胞組成屬於神經構造一部分，僅負責儲存，並不會自行製造激素。而此兩種激素主要功能，包括催產素能於分娩時，使子宮收縮，幫助生產；抗利尿激素則有助於水分保留，減少尿液排出，因此缺乏時會造成尿崩症，大量排尿。此外，還會使血管收縮造成血壓上升，因此又稱為「血管加壓素」。

下視丘與腦下垂體所分泌的激素

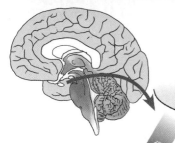

下視丘

分泌

釋放因子 抑制因子 抗利尿激素 催產素

促進或抑制 進入儲存

腦下垂體前葉

分泌

腦下垂體後葉

需要時釋放

甲狀腺刺激素	刺激甲狀腺激素的分泌及生長，調節人體代謝的情形。
促腎上腺皮質素	刺激腎上腺皮質的生長與分泌礦物質皮質素、糖皮質素及雄性素等激素。
生長激素	影響細胞的生長、蛋白質的同化（合成）作用。
泌乳激素	刺激乳汁的分泌，參與維持免疫功能。
黃體刺激素	女性：刺激正常排卵及黃體的形成，子宮進行著床的準備。 男性：刺激睪固酮的分泌及第二性徵的表現。
濾泡刺激素	女性：刺激卵巢中濾泡的生長。 男性：刺激睪丸中精子的製造與成熟。

抗利尿激素

① 促進腎臟保留水分，避免體內水分流失。
② 能促進血管收縮，引起血壓上升，協助調節血壓，又稱為「血管加壓素」。

催產素

① 分娩時可使子宮壁平滑肌收縮，幫助胎兒生產。
② 協助乳汁的分泌。

甲狀腺能分泌調節代謝的激素

甲狀腺是體內最大的內分泌腺體，能分泌大量的甲狀腺素與降鈣素，協助調節體內多項代謝功能，包括甲狀腺素主要負責調節生長發育、新陳代謝等相關的生理作用；降鈣素則可協助維持血中鈣離子濃度（血鈣）的恆定。

● 甲狀腺所分泌的激素

　　甲狀腺位在氣管的正前方，是由左右兩側葉及中間峽部所組成的構造，主要能分泌「甲狀腺素」與「降鈣素」兩種激素。由酪胺酸與碘離子合成的甲狀腺素，屬脂溶性的激素，平時製造後儲存於甲狀腺上的濾泡細胞，等待受到下視丘分泌的釋放因子、腦下垂體分泌的甲狀腺刺激素調控影響才分泌釋放，正常狀態下當甲狀腺素分泌過多時，會經由負回饋機制抑制下視丘及腦下垂體的刺激分泌。另外，壓力、外界溫度、體抑素（由胰臟所分泌，參見P160）及神經傳導物質多巴胺也會影響甲狀腺素的分泌，例如天氣溫暖時會抑制甲狀腺素的分泌，但天冷時，則會促進其分泌，以增加細胞代謝作用增加體熱。

　　甲狀腺素由濾泡細胞分泌後，透過血液運輸時必須與運輸蛋白結合，才能到達標的細胞後轉化為活化態——三碘甲狀腺素（T_3），並因甲狀腺素為脂溶性，能直接進入細胞與細胞核接受器結合，並作用在某段特定遺傳物質DNA基因序列上，以製造出所需的蛋白質來促進相關的生理代謝作用。另外，同樣由甲狀腺所分泌的降鈣素，是由甲狀腺濾泡旁的細胞製造，並分泌一種水溶性胜肽類激素，具有調解血鈣恆定的功能。

● 甲狀腺激素作用與疾病

　　甲狀腺素最主要的作用為調節新陳代謝，加速肝醣、蛋白質、脂肪酸及膽固醇的代謝作用，增加基礎代謝率。不過還包括能增加突觸和髓鞘形成、調節神經系統作用、影響生殖系統成熟及調節生長與發育，因此若孩童時期分泌不足便易造成身型矮小且有智能障礙的「呆小症」。

　　不過成年人也可能因甲狀腺刺激素過度分泌、甲狀腺瘤及患有免疫功能失調如格雷夫氏病等，使甲狀腺素分泌過多，造成甲狀腺功能亢進，其症狀有神經質、體重減輕、突眼症、手指顫抖、代謝率異常升高及甲狀腺腫大（俗稱大脖子），嚴重將導致甲狀腺毒性心臟病而引起心衰竭。反之，若因甲狀腺疾病或下視丘及腦下垂體病變時，造成甲狀腺分泌不足而引起功能低下，便會導致黏液性水腫、代謝率下降及體溫低等症狀。

甲狀腺激素的分泌與影響

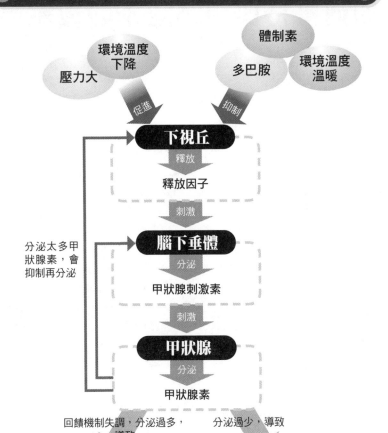

壓力大

環境溫度下降

體制素

多巴胺

環境溫度溫暖

促進

抑制

下視丘

釋放 →

釋放因子

刺激 →

腦下垂體

分泌 →

甲狀腺刺激素

刺激 →

甲狀腺

分泌 →

甲狀腺素

分泌太多甲狀腺素，會抑制再分泌

回饋機制失調，分泌過多，導致

分泌過少，導致

甲狀腺功能亢進
免疫功能失調，如格雷夫氏病

症狀：
神經質、體重減輕、突眼症、手指顫抖、代謝率異常升高及甲狀腺腫大。

甲狀腺功能低下
呆小症（孩童時期）

症狀：
黏液性水腫、代謝率下降及體溫低。

如何維持血中鈣離子的恆定

血鈣是指血中鈣離子濃度，在人體中鈣離子調控許多重要功能如神經傳導、細胞養分吸收與物質的分泌，因此在人體內需維持一恆定的濃度範圍。副甲狀腺所分泌的副甲狀腺素能調節血中的鈣離子，在此恆定機制上扮演了重要角色。

○ 副甲狀腺激素及作用

　　副甲狀腺包埋在甲狀腺兩側葉的後面，左右各有兩顆，似米粒般大小，能分泌水溶性胜肽類的副甲狀腺素，其分泌與否會受到體內血鈣濃度的調節，例如懷孕、哺乳時易造成血鈣濃度下降，便刺激促進其分泌。也因副甲狀腺素最主要的作用是增加血中鈣離子的濃度，所以又稱為「升鈣素」，能作用在骨骼，增加骨質崩解及蝕骨細胞活化作用，使骨質中的鈣離子釋放至血液中；作用於腸道則能促進維生素D活化，增加飲食中的鈣離子被人體吸收；作用於腎臟則是增加鈣離子再吸收回血液中，供人體再利用；這些作用皆能使血中鈣離子的濃度增加，提高鈣離子的利用。

　　因此若副甲狀腺素分泌過量，例如患有副甲狀腺腫或慢性腎臟發炎者，就會造成副甲狀腺功能亢進，引起骨質脫鈣作用增加，導致「囊狀纖維性骨炎」。反之，若副甲狀腺感染發炎，造成激素分泌不足，就會使血鈣濃度降低，神經肌肉過度興奮，嚴重者將使喉部肌肉痙攣使呼吸道阻塞而致命。

○ 血中鈣離子對人體生理的影響

　　血中鈣離子濃度需維持在每一百毫升血液中有10毫克鈣離子的生理濃度，才能達成多項與鈣離子有關的生理運作，例如：鈣離子是引起神經、肌肉運動的重要因子，因此當血鈣濃度太低，易造成神經細胞放電頻率增加，肌肉痙攣，若發生在腦細胞就易造成癲癇。反之，當血鈣濃度太高，體內的鈣離子多釋入血液中，無法有效利用，便導致神經肌肉興奮性降低等，嚴重將導致心律不整。

　　人體內維持血鈣恆定需靠副甲狀腺激素及降鈣素的共同調節。當血鈣濃度低於生理濃度時，刺激副甲狀腺素分泌，作用在骨骼、腸道及腎臟以增加吸收鈣離子進入血液，使血鈣濃度上升回穩。反之，當血鈣濃度高於生理濃度時，促進甲狀腺濾泡旁細胞分泌降鈣素（參見P154），減少骨骼中鈣質的釋放、減少腸道對鈣的吸收及加速腎臟對鈣離子的排出，透過這些作用使血鈣濃度下降回到生理濃度。

激素如何調節血鈣恆定

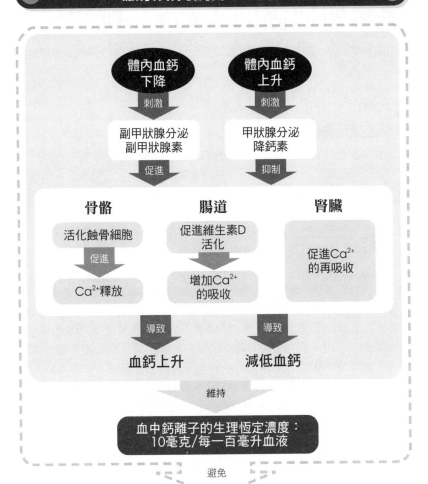

體內血鈣下降 → 刺激 → 副甲狀腺分泌副甲狀腺素 → 促進

體內血鈣上升 → 刺激 → 甲狀腺分泌降鈣素 → 抑制

骨骼
活化蝕骨細胞 → 促進 → Ca^{2+}釋放

腸道
促進維生素D活化 → 增加Ca^{2+}的吸收

腎臟
促進Ca^{2+}的再吸收

導致 → 血鈣上升

導致 → 減低血鈣

維持

血中鈣離子的生理恆定濃度：
10毫克/每一百毫升血液

避免

| 血鈣濃度太低 | 導致 | 神經細胞放電頻率增加、心跳加快、肌肉痙攣、癲癇。 |

| 血鈣濃度太高 | 導致 | 神經肌肉興奮性降低、食慾下降、噁心嘔吐、心律不整。 |

激素如何協助人體應付壓力

當人面對壓力時，體內會促進腎上腺皮質分泌糖皮質素、腎上腺髓質分泌腎上腺素，加速醣類的生成，供應人體足夠應付壓力的精神和體力。

◎ 腎上腺所分泌的激素

腎上腺位於腎臟上方，結構上分為外側的皮質及內側的髓質兩部分，能分泌不同種類的激素：皮質所分泌的激素為脂溶性固醇類激素、髓質則分泌的是水溶性胺類激素。

皮質所分泌的固醇類激素，其合成激素的前驅物皆為「類固醇」，類固醇多為低密度脂蛋白的成分，經由一連串酵素轉化，才形成不同種類的皮質激素，影響體內多項重要的生理作用。例如：腎上腺皮質由縱切面來看，由上往下的第一層——絲球帶，所分泌的「礦物質皮質素」，在人體內大多為醛固酮，能作用在腎臟，幫助鉀離子排出及鈉離子的吸收，而保留體液，不易排尿；第二層的束狀帶，所分泌「糖皮質素」，在人體內主要為皮質醇（或稱可體松），能參與醣類、蛋白質及脂質的代謝作用，以及與對抗壓力、抑制發炎有關；第三層的網狀帶，能分泌多種「性激素」，其中主要與青春期第二性徵的表現有關的睪固酮，雖然人在成年後，腎上腺分泌的性激素濃度通常較低，作用較不明顯，但女性若缺乏一種稱為「糖皮質素合成酶」的酵素時，便會刺激體內產生較多的睪固酮，而發育出男性化的特徵，如長鬍鬚、聲音低沉及肌肉發達的現象，此疾病稱為「腎上腺性生殖症候群」。

另外，腎上腺髓質則能分泌兩種由前驅物酪胺酸經酵素反應生成的激素：腎上腺激素與正腎上腺素，並主要作用於心臟及肌肉，調節養分與能量的供應，協助人體面對壓力或應付危急的情況。

◎ 壓力狀態下與腎上腺激素分泌的調節

當人身處巨大壓力下如考試、環境劇變及創傷時，體內會增加分泌腎上腺激素如皮質分泌的皮質醇及髓質分泌的腎上腺素，以調節體內的代謝作用，促進醣質新生作用，使血糖上升，目的是增加身體活動的能源，供給身體及腦部充足的能量。另外，也會刺激血管收縮、心跳加速，加大供應血流至需要的器官如肌肉，加強骨骼肌的收縮可禦敵或避敵。

腎上腺激素影響的生理作用

腎上腺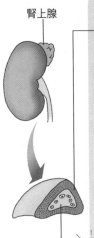

（外）腎上腺皮質

絲球帶 （上層）	束狀帶 （中層）	網狀帶 （下層）
分泌	分泌	分泌
礦物質皮質素 （醛固酮）	糖皮質素 （皮質醇）	性激素 （睪固酮）
調節體液及血液中鈉鉀離子濃度，例如缺水時，水分的保留。	與對抗壓力、抑制發炎有關。例如提升血糖，以維持體力，應付壓力。	青春期第二性徵表現有關，例如長鬍鬚及肌肉發達。

（內）腎上腺髓質

分泌

腎上腺激素及正腎上腺素

協助人體面對壓力及危急的情況。

例如 有壓力或危急清況下，體內會刺激腎上腺髓質分泌腎上腺素，引發生理反應協助人體應付。

供給腦部足夠的能量，使思考清晰。

心跳加速，供應各組織血流養分。

加強骨骼肌收縮，跑更快。

激素如何調節血糖

人體內的血糖必須維持在一恆定的濃度範圍，才能供應生理所需的能量，又不過分超出，影響健康，因此體內必須透過胰臟的內分泌腺體蘭氏小島所分泌的胰島素及升糖素等激素，來調節因不斷攝食而持續變化的血糖，穩定其濃度。

◯ 胰臟的內分泌腺體

　　人的胰臟是兼具外分泌與內分泌的器官，其外分泌腺體能分泌含有許多消化酵素的胰液，進入腸道中幫助食物的消化與吸收。而其內分泌腺體特稱為蘭氏小島，正常人約有一、兩百萬個蘭氏小島散布在胰臟中，每個蘭氏小島約含有二千五百個內分泌細胞。這些內分泌細胞是由至少四種不同型態的細胞所組成，可分泌四種不同的激素，分別為升糖素、胰島素、體抑素及胰多肽，作用多與血糖濃度恆定的調節有關。

◯ 胰臟激素如何調節血糖

　　正常狀態下，人體的血糖濃度需維持在每一百毫升血液中具有一百毫克的葡萄糖濃度，以供應心臟的跳動及腦部正常運作的能量來源。因此當吃完東西後，澱粉類食物（如米飯、麵食）經消化形成葡萄糖後，會由小腸末端吸收進入血液循環中，形成血糖。而血糖濃度的上升，會刺激蘭氏小島上一種稱為「β細胞」的內分泌細胞分泌胰島素，作用在肝臟、肌肉及脂肪組織，促進各組織吸收血中過多的葡萄糖，進一步合成肝醣，儲存於這三個標的器官中，才得以使血糖濃度下降。反之，當血糖濃度過低時，會刺激蘭氏小島中另一個腺體細胞——「α細胞」分泌升糖素，將儲存的肝醣分解為葡萄糖，釋入血液中；另外也透過體內的糖質新生作用，將其他養分如胺基酸轉化為葡萄糖，釋放至血液中，來提升血糖濃度。

　　另外，當人體處於緊張狀態時可刺激腎上腺素分泌，腎上腺素除了使人體心跳呼吸加快外，還具有類似升糖素的作用可增加血中葡萄糖的濃度，使人體有足夠的能量應付緊急狀況。

◯ 其他胰臟所分泌的激素

　　除了升糖素及胰島素，胰臟尚可分泌體抑素及胰多?兩種激素。體抑素不僅可由胰臟蘭氏小島中的內分泌細胞——「δ細胞」分泌，也可由下視丘分泌。其生理作用主要是抑制生長激素、泌乳激素、胰臟內分泌激素及消化道激素的分泌。至於胰多肽，目前僅知曉其可減緩體內對食物的吸收力，但其他生理作用仍未明瞭。

調節血糖的激素

例如 飯前或運動後。

血糖濃度
下降

例如 進食：吃了澱粉類食物後。

血糖濃度
上升

刺激

蘭氏小島的 α 細胞分泌
升糖素

刺激

蘭氏小島的 β 細胞分泌
胰島素

作用於

肝臟、肌肉及脂肪組織

- 促進肝醣分解，增加葡萄糖量。
- 促進糖質新生作用。
- 促進肌肉、脂肪分解。
- 增加肝臟中葡萄糖合成，釋放進入血液中。

- 加快血液中的葡萄糖運送至組織細胞的速率。
- 增加ATP的生成及葡萄糖的利用率。
- 刺激肝醣生成。
- 抑制糖質新生作用。
- 促進脂肪合成。

導致

血糖濃度上升

導致

血糖濃度下降

維持正常血糖濃度範圍
70～110mg/dl

內分泌腺體：脂肪組織及腸道
控制食慾的激素

瘦體素與飢餓素是人體控制食慾的兩種激素，隨著早晚分泌量的多寡，影響腦部下視丘食慾中樞的放電活性，進而抑制或促進食慾，讓人不置於過度飽食，也提醒何時該進食，來穩定體內的能量。

○ 抑制食慾的激素——瘦體素

一般平常進食時，能刺激分泌「瘦體素」，來維持身體能量的平衡、避免過度飽食而維持體重。瘦體素是由脂肪細胞所分泌的蛋白質類激素，當人進食以後，因胰島素分泌上升，促使血糖進入脂肪組織儲存，脂質合成增加，便刺激瘦體素的大量分泌，經由血液運輸至大腦下視丘上的食慾中樞，以抑制食慾，使進食量下降，此時也刺激交感神經的興奮性，使體溫上升加速新陳代謝，消耗取得的養分能量，以調節體內能量平衡。

除了進食的刺激，瘦體素一天中分泌的情形是具有周期性的，晚上睡覺時分泌量最多，早餐前分泌量開始下降，到中午時體內含量最低，於是人開始產生飢餓感。在進食過後，體內的分泌量便慢慢上升，晚餐前才又再度下降，提醒進食。因此可知肥胖的人，因體內處於較高能量的狀態，體內瘦體素的分泌量會比正常者多，但也因此使得下視丘接受器過度受到刺激，而導致不敏感，使抑制食慾作用減弱，讓肥胖者更不受控制地產生食慾，造成過食，體重便日益增加。

○ 促進食慾的激素——飢餓素

相反地，人體內也有促進食慾的激素——飢餓素，以提醒進食的需要，補充人體需要的能量。飢餓素主要由胃及十二指腸的上皮細胞所分泌，少數由胎盤、腎臟、腦下垂體及下視丘所分泌，為一小分子胜肽類激素，能產生短時間的餐前飢餓感，為促進食慾的激素。

一天中飢餓素的分泌量也與瘦體素相似，具有周期性，通常也和三餐進食時間有關，空腹可刺激體內的飢餓素開始分泌，到進食時分泌量最高，進食後體內飢餓素濃度便慢慢下降。不過，飢餓素於夜晚時的分泌量很高，這也就是為什麼有些人無法抵抗吃宵夜的原因。至於肥胖的人，體內維持的高能量便使得飢餓素的分泌量較正常人少，但減肥之後，飢餓素的分泌量又反而增多，更加促進食慾，因此為使激素如一般正常人穩定分泌，減肥者便需要很大的意志力來克服短期間生理激素的變化。

調節食慾的激素

進食後　　　**空腹時**

傳入　　傳入

下視丘食慾中樞

促進　　促進

脂肪細胞　　　**胃及十二指腸**

分泌　　分泌

瘦體素

- 抑制食慾，使進食量下降。
- 刺激交感神經的興奮性，使體溫上升、新陳代謝速度上升。
- 分泌具有周期性：睡眠時分泌量最高，白天醒來後漸漸減少，進食後又增加。

睡覺時，瘦體素會大量分泌。

飢餓素

- 產生短時間內的餐前飢餓感，為促進食慾的激素。
- 分泌具有周期性：夜晚時分泌量高，三餐進食時間分泌量高，進食後減少分泌。

夜晚會分泌較多飢餓素。

抑制食慾　　　**促進食慾**

163

激素如何調節生理時鐘

大腦內的松果腺能透過光照的刺激分泌「褪黑激素」，影響我們日出而做、日落而息的作息時間、生殖系統的發育及情緒的穩定等，因此包括睡眠狀況、性成熟及季節性憂鬱等皆與其分泌量有很大的關連。

◎ 松果腺所分泌的激素

　　位於大腦腦室頂部的松果腺，又稱腦上腺，長度約為5～8公分，是由神經膠細胞、及具內分泌功能的腺體細胞組成，能分泌具有神經內分泌性質的胺類激素——「褪黑激素」，可以感知晝夜、季節的變化，因此有類似計時器的功能，使人體生理運作系統具有24小時的概念，調節人的睡眠週期、生殖反應等生理運作，使身體內在的變化如大腦、胃腸等能在夜晚獲得休息，才能在白天時精神奕奕、體力充沛，與環境的晝夜產生同步化的現象，以適應環境變化，維持正常穩定的生理功能。

◎ 褪黑激素如何影響作息

　　由前驅物色胺酸經由一連串酵素作用合成的褪黑激素，其合成作用會受到眼睛有無接收光線的影響，這就是松果腺能感知晝夜及季節變化，調節褪黑激素分泌的原因。當眼睛視網膜接受到光線時，會抑制褪黑激素的合成，使大腦腦波 β 增加，而減少睡意，讓精神良好；反之，當黑暗時，眼睛接受不到光線，則會促進褪黑激素合成，使大腦腦波 α 增加，產生睡意，並延長快速動眼期，使人擁有良好的睡眠品質，因此臨床上常使用褪黑激素來減輕時差所引起的身體不適症狀。

　　此外，隨年紀增長，褪黑激素的分泌量會減低，因此老年人會縮短睡眠時間。不過除了睡眠，褪黑激素也會影響生殖系統的成熟及情緒穩定。在過去觀察動物發現，春末夏初時，因日照時間變長，褪黑激素分泌減少，而使得動物的生殖系統更趨成熟。因此若是盲人，其視網膜因無法接受光線，皆處在黑暗中，便無法刺激褪黑激素分泌，而導致性早熟，例如盲女第一次初經的時間，可能會提早至八或九歲。

　　另外，在冬天通常容易覺得心情低落，這是因為在冬天因日照時間較短，會分泌較多的褪黑激素，並且會減少同樣由色胺酸合成而來的血清素分泌量，缺乏血清素會造成憂鬱，因而常有冬季憂鬱症的情形發生。然而除了光照因素外，人若處於壓力大或是睡前運動也會抑制褪黑激素的分泌，導致失眠，睡不好。

褪黑激素如何調控一日生理時鐘

白天，有光

眼睛接收到光線

抑制

夜晚，無光

眼睛接收不到光線

促進

松果腺

分泌

褪黑激素

導致

導致

● 增加大腦腦波 β，減少睡意，維持精神良好。

● 使大腦腦波 α 增加，產生睡意。
● 延長快速動眼期，使人擁有良好的睡眠品質。

釐清「激素如何發揮作用」，開拓疾病治療新方向

　　激素負責協調人的生長、生殖及代謝等重要生理現象，內分泌腺體細胞核內的基因遺傳物質則是控制激素的開關，決定激素何時被製造、被分泌出去。如果基因異常，激素分泌便會失衡，導致體內機轉無法進行而生病。從一九七〇年代開始，許多生理學家投入這個主題的研究，希望藉由實驗找出激素受基因調控下如何分泌、運送至目標細胞發揮作用的過程與機制。

　　其中三位科學家：詹姆士·拉斯曼、藍迪·薛克曼、湯瑪士·居德霍夫分別以實驗證實了，內分泌腺體細胞核內的基因遺傳物質會發出分泌激素的訊息，腺體產生的激素會以囊泡裝載等待送出，囊泡在運輸的過程會確保激素可以完整到達目標細胞，然後在到達目標細胞後，與目標細胞進行辨識確認，再將囊泡內的激素送入目標細胞發揮作用。而這項證實也在二〇一三年獲得了諾貝爾生理醫學獎。

　　此發現即是說明了囊泡運送激素的機制就像郵差送信一樣，必須正確無誤送達，否則若像郵件大量累積或是送錯了信件時，人體就會生病，產生內分泌相關的疾病。以糖尿病為例，糖尿病就是因為胰臟的內分泌腺體細胞——蘭氏小島（簡稱胰島細胞）所分泌的胰島素，無法送至肝臟或肌肉細胞，以致無法發揮它促進血液中葡萄糖（血糖）藉由轉運蛋白進入細胞而降低血糖的功用；使得大量葡萄糖堆積在血液中（每百毫升血液中葡萄糖濃度超過180毫克時），經由腎臟過濾排出，而造成尿中有糖。

　　在解開激素實際運作模式與機制之謎後，便可為治療此類內分泌相關的疾病，帶來新的希望。例如在糖尿病的治療上，便可透過發展胰島細胞移植的技術，讓糖尿病患者經植入健康的胰島細胞，重新啟動自身基因的調控能力與運送機制，擺脫終身倚賴注射胰島素的命運。

Chapter
7

消化代謝

人體需要靠攝取食物，從食物中獲得維持生理所需的營養，不過這些食物必須透過消化道中消化液的分解，才能釋出人體可吸收的營養成分，並經由血液、淋巴液的運送下，供身體各組織器官使用。整個消化吸收過程，也會在神經系統的感受、調控下，讓消化道能在適當的時間分泌適量的消化液，及引起蠕動，精準又有效地消化食物、吸收到食物中的營養。

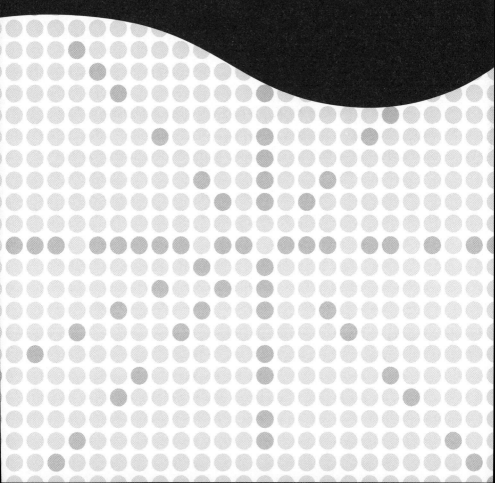

人體消化、吸收的重要管道

人體的消化系統主要負責食物的攝取、消化及吸收。透過具裝載食物空間和蠕動功能的消化道，以及能分泌消化液的消化腺體，讓食物能充分分解為人體可吸收的小分子營養，因此獲得維繫生命所需的養分。

◎負責消化食物的器官

　　人能透過口、食道、胃、小腸等器官組成的消化系統，將由口吃入的各種食物分解消化，好讓食物中的營養物質釋出，再吸收進入組織細胞中利用，因而讓人體能從食物中獲得維持生理所需的營養。消化系統中的各器官不僅可做為消化道，提供進行消化的空間及蠕動推擠食物的功能，也包含有消化腺，分泌消化液進入消化道中，分解食物。

　　從消化道的起點口腔，依序經過咽、食道、胃、小腸、大腸，終點於肛門，是含有肌肉的中空管道，能由中樞神經及腸道神經系統控制其收縮與舒張，產生稱為蠕動的局部運動，推送消化道中的食物往肛門的方向移動，並將食物與消化腺體所分泌的消化液充分拌和，以加速食物的分解。唾腺、胃腺、肝臟、胰臟及腸腺等消化腺體都能分泌消化液，除了潤滑消化道管腔外，還包含有不同的消化酵素，能分解不同類型的食物。例如：唾腺分泌的唾液中含有酵素——澱粉酶能用來分解澱粉類的食物；腸腺分泌的腸液中包含有雙糖酶和胜肽酶能分別分解醣類與蛋白質類的食物。

　　肝臟和胰臟雖然不在消化道內，但均能分泌消化液：肝臟能分泌協助脂質乳化的膽汁，儲存於膽囊；胰臟能分泌分解澱粉、蛋白質及脂質的胰液。這些消化液可透過連接到小腸的導管送至小腸前段，協助消化作用。

◎食物如何被消化及吸收

　　食物由口吃進後，會在口腔中與唾液混合，唾液內含唾液澱粉酶，可將大分子澱粉分解成小分子的糊精；食物便進入到胃，胃液含有胃蛋白酶，可將食物中的蛋白質分解為小片段的胜肽鏈，並攪拌食物團形成食糜，經由胃與小腸接合的幽門括約肌將食糜送入小腸前端——十二指腸；食糜便在此與膽汁、腸液及胰液內各種酵素充分混合，將食物分解成分子更小的葡萄糖、胺基酸及脂肪酸等可進入人體細胞的形式，稱為「消化作用」；最後，在小腸末端迴腸處透過主動運輸或輔助運輸蛋白的幫助，使這些小分子由消化道進入血液循環，送至各器官利用，即稱為「吸收作用」。

消化道的消化路徑及內含的消化腺

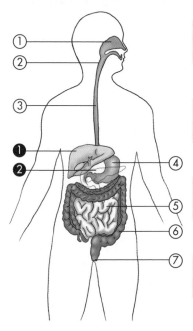

①口腔
利用牙齒與舌頭磨碎與攪拌食物。

內含：唾腺
分泌唾液，內含澱粉酶可初步分解澱粉類食物。

②咽
經由吞嚥將食物送入食道。

③食道
食物快速通過進入胃的管道。

④胃
消化食物形成食糜。

內含：胃腺
分泌胃液及胃酸，初步分解蛋白質、幫助酵素作用。

⑤小腸
消化食物成小分子養分，再吸收進入體內。

內含：腸腺
分泌腸液，含可分解醣類、蛋白質類食物的酵素。

分泌至 ┈┈┈┈┈▶

①肝臟
為消化腺，可製造幫助脂肪類食物乳化的膽汁。

②胰臟
分泌胰液，含可分解醣類、脂質、蛋白質三大類食物的酵素。

⑥大腸
未消化的食物殘渣形成糞便。

⑦肛門
消化道的末端，糞便排出口。

Info 消化酵素的特性

由消化腺所分泌的消化液中，含有各種酵素，具有催化劑的作用，能幫助小分子變大分子的合成作用或大分子變成小分子的分解作用，加速這些作用的反應時間，且酵素本身不會發生改變，可重複使用。不過酵素的活性易受到溫度及酸鹼度的影響，例如：胃蛋白酶適合作用的溫度為37℃及酸性環境，若條件改變，酵素便失去活性而無法作用。

人體可從食物中獲得的營養

我們可透過消化道分解每天吃進體內的食物,將食物中的醣類、蛋白質、脂質、維生素、礦物質及水分等六大類營養素,消化分解為可吸收的分子形式,供人體吸收做為能量生產、調節代謝作用,及構成或修補身體的組織等利用。

● 食物中的營養素分類

我們可從食物中取得醣類、蛋白質、脂質、維生素、礦物質及水等六大類營養素。提供醣類的食物像是白米飯、麵包、麵條等含有澱粉的食物,這些存在食物中的澱粉屬於多醣類,必須分解為葡萄糖、果糖等單醣,人體才能吸收利用。並且因葡萄糖是人體內細胞進行生理作用時主要的能量來源,因此攝取足量的醣類食物是相當重要的。肉類、豆類、蛋及牛奶可提供人體蛋白質,做為構成身體組織、酵素、激素及接受器蛋白等的成分。而肉類或各類動物性或植物性油脂製成的食用油,則能提供人體脂肪,不過除非在醣類食物來源不足的情形下,人體才會分解脂質提供能量,平時體內的脂質大多存在內臟或皮下,供保暖及保護器官。

蔬菜、水果、糙米及一些海鮮食物能提供人體維生素和礦物質,兩者雖然不提供能量,人體所需的量也不多,但對於體內生理功能的調節卻相當重要,例如維生素B6、B12、鈷離子與造血功能有關,因此缺乏時就易引起貧血症狀。此外,水是體內最重要的溶劑,細胞間物質的交換皆須先溶在水中才得以交換,但根據統計每人每天僅約從食物消化吸收中獲得約一公升的水,因此仍應額外多喝水,才能供應體內運作所需的足夠水分。

● 三大營養素的吸收形式

這些食物中的營養物質經由消化道分解釋出後,都是在小腸末端——迴腸腸道絨毛上的上皮細胞進行吸收。就如澱粉性食物會經由消化道消化分解形成小分子的單醣如葡萄糖或果糖;蛋白質食物則消化分解成最簡單的小胜肽片段或胺基酸,才經由腸道上皮細胞上的轉運蛋白協助吸收進入體內。至於脂質類食物,因與體內細胞的細胞膜(磷脂質)同為脂質成分,在消化道消化成為小分子脂肪酸後,就能直接擴散進入小腸絨毛內的淋巴管——乳糜管內吸收,之後送至肝臟儲存,當醣類供應熱量不及時,才從肝臟中提取利用。不過,當攝取愈多脂質食物,也就會有愈多的脂肪酸儲存於肝臟中,這就是為何攝取過多脂質食物易引起脂肪肝的原因。

人體如何吸收食物中的營養

食物中的營養

醣類

● 一克可供應人體4大卡的熱量。
● 細胞行正常生理作用時能量來源的首選。

蛋白質

● 一克能供應人體4大卡的熱量。
● 為人體生長發育、組織修補所需的原料。

脂質

● 一克能供應人體9大卡的熱量。
● 身體的組成成分,且多儲存於內臟和皮下,供保暖及保護器官之用。

維生素

調節生理功能。例如:紅蘿蔔裡的維生素A是維持眼睛視覺的重要成分。

礦物質

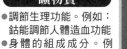

● 調節生理功能。例如:鈷能調節人體造血功能
● 身體的組成成分。例如:鈣是骨骼的成分。

水

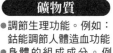

體內各生化反應的媒介。例如:許多物質都需溶於水中,才能與酵素進行反應。

分解為 → **葡萄糖或果糖**

分解為 → **小胜肽片段或胺基酸**

分解為 → **小分子脂肪酸**

在迴腸絨毛上的上皮細胞進行吸收

吸收進入 →

血液
循流供應至全身。

藉由轉運蛋白協助

藉由擴散作用

乳糜管
順著淋巴循環進入肝門靜脈,儲存於肝臟。

吸收進入 →

血液
維生素B、C等水溶性維生素及礦物質等水溶性物質,能藉由轉運蛋白的協助,吸收後進入血液中,供應至全身。

乳糜管
維生素A、D、E、K等脂溶性物質直接擴散進入乳糜管,隨淋巴進入肝門靜脈,至肝臟儲存。

蠕動消化的機制
神經決定腸道要不要蠕動

消化道的蠕動及蠕動的頻率是由腸神經系統及自主神經系統共同協調控制，主要能讓消化管道中的食物往下推送至不同的消化器官中，使其與各消化器官內所分泌的消化液均勻混合，而達成消化作用。

◉ 什麼是腸道蠕動？

　　食道、胃腸等消化管道會藉由蠕動將管道中的食物往下推送至不同消化器官行消化作用。從口腔吞嚥將食物送入食道後，依序經由食道蠕動、胃蠕動及排空、小腸運動、大腸運動至肛門排便這一整個過程就稱為「消化道的運動」或「腸道蠕動」，由此可知腸道蠕動有一定的方向：離口往肛門，而蠕動即是透過連續的擠壓與放鬆，達成推送食團的目的，例如從上端腸道平滑肌的收縮將食物團推往下端後，上端平滑肌隨即放鬆，而下端腸道平滑肌的舒張狀態承接來自上端被擠壓下來的食團，隨後才收縮將食團再往下推送。然而，若消化道以反方向蠕動，就會反胃而嘔吐。

◉ 中樞神經如何控制腸道蠕動

　　腸道蠕動是由腸神經及自主神經所控制，腸神經系統位於消化道腸壁上，是消化道中特有的、獨立的神經系統，包含由不同神經細胞匯集而成的神經叢，其中「腸肌神經叢」內的間質細胞（位於交錯的神經細胞間）如同心臟中的心肌細胞具有節律器功能（參見P91），因此平時會自主產生興奮性動作電位，使腸道平滑肌收縮而引發蠕動。此外，腸神經也會分泌神經傳導物質來控制蠕動，例如分泌乙醯膽鹼及物質P可增加神經活性，促進蠕動；分泌血管活性腸多肽、一氧化氮及三磷酸腺苷會減少神經活性，抑制蠕動。

　　自主神經中可支配腸道蠕動的副交感神經是第十對腦神經——迷走神經及薦椎神經，主要是增進消化道的蠕動；而通常與副交感神經功能相互拮抗的交感神經，也會由T5至L3節的脊神經來傳遞抑制蠕動的命令。

　　不過，自主神經及腸神經之間除了可分別獨立控制腸道蠕動外，也可經由神經傳導途徑彼此相互協調，例如當吃入不潔食物造成腸胃道大量病原菌入侵時，消化道內的感覺接收器便會接受這些刺激，轉換為神經電訊號，傳給分布在腸胃道的自主神經，使其分泌神經傳導物質——乙醯膽鹼，刺激腸神經增加放電頻率，加速腸道的收縮蠕動，促進排便，以排除腸胃道中的病原菌，保持消化道健康。

神經如何控制消化道蠕動

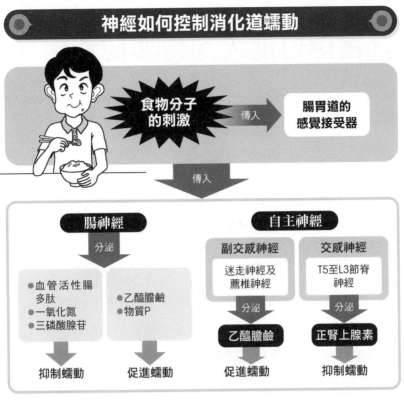

食物分子的刺激 →傳入→ 腸胃道的感覺接受器

傳入↓

腸神經

分泌↓

- 血管活性腸多肽
- 一氧化氮
- 三磷酸腺苷

乙醯膽鹼
物質P

抑制蠕動 / 促進蠕動

自主神經

副交感神經
迷走神經及薦椎神經

分泌↓

乙醯膽鹼

促進蠕動

交感神經
T5至L3節脊神經

分泌↓

正腎上腺素

抑制蠕動

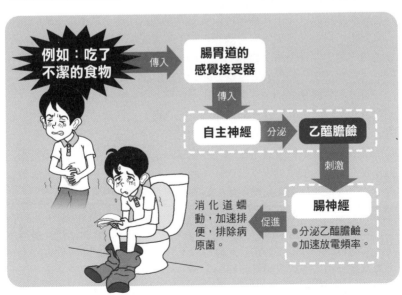

例如：吃了不潔的食物 →傳入→ 腸胃道的感覺接受器

傳入↓

自主神經 →分泌→ 乙醯膽鹼

刺激↓

腸神經
- 分泌乙醯膽鹼。
- 加速放電頻率。

←促進← 消化道蠕動，加速排便，排除病原菌。

食物由口進入到胃如何消化

從口腔至胃的消化道間，我們所吃的食物會經由磨碎、與唾液混合，初步將食物中的醣類分解為小一點的分子，接著進入胃中食物會經由胃腺分泌的胃液及胃酸，初步分解其中的蛋白質，再進入小腸。

● 食物從口進入

當我們吃東西的時候，食物進入口腔，會先由牙齒磨碎食物，使其中的食物分子去刺激顏面神經及舌咽神經，使人體的三對唾腺：舌下腺、耳下腺及頜下腺能分泌唾液，唾液中包含有水、無機鹽類、黏液、免疫球蛋白及消化酶，因此主要具有潤滑口腔、抗菌、以及透過所含的消化酶——澱粉酶及脂肪酶來分解食物中的澱粉及少量脂肪等作用。食物在唾液的包覆及潤滑下，利用吞嚥反射，使上食道括約肌舒張將初步分解後的食團送入食道，透過食道蠕動及下食道括約肌舒張，便將食團往胃部送入。

● 蛋白質分解的開端——胃

連接食道與胃的開口為賁門，即下食道括約肌，自口腔消化後的食團即經此送入胃中。胃的最上部稱為胃底處，由進食帶入或分解食物產生的氣體會儲存於此，打嗝時，咳出的氣體大多來自於此。能分泌胃酸及胃液的胃腺則是位於胃的中央稱為胃體處，食團進入此處會刺激迷走神經釋放乙醯膽鹼，以促進胃腺分泌胃酸和胃液，與食團混合而進行消化分解。另外，胃的最下部稱為胃房處具有內分泌細胞，還能透過分泌激素——胃泌素，來刺激胃腺分泌胃酸和胃液，使大量消化液分泌而加速消化。

胃液和胃酸是分別由胃腺中的兩種細胞：主細胞及壁細胞所分泌，並在兩者相互調節下達成胃的消化作用，因為胃中食團的消化必須先由壁細胞分泌的胃酸來營造胃中的酸性環境，以催化由主細胞所分泌的胃蛋白酶原（胃液的成分）轉為具活性的「胃蛋白酶」，人體才能利用胃蛋白酶消化分解食物中的蛋白質成分，並殺死食物中的有害病菌。最終，食團便在胃中消化成更為軟爛的食糜，藉由胃的蠕動將食糜經由胃與小腸連結的幽門，排空至小腸做進一步消化及吸收。

正常情況下，當胃酸分泌過多時，胃房處的內分泌細胞會分泌體抑素來抑制胃酸的分泌。但若長期攝取高量咖啡因或情緒緊張，便會促進胃泌素大量分泌，導致胃酸調節機制失控，胃酸分泌過多，易使胃壁黏膜變薄，若再受到存於胃中的幽門螺旋桿菌感染，就會造成胃潰瘍。

食物進入口腔至胃的消化過程

食物消化位置：口腔

經由牙齒咀嚼釋出的食物分子

刺激

唾腺
包括舌下腺、耳下腺及頜下腺。

分泌

唾液
● 內含澱粉酶及脂肪酶，能分解食物中的澱粉、少量脂肪。
● 潤滑口腔、抗菌。

吞嚥食團進入 ──── 經由賁門（下食道括約肌）

食物消化位置：胃

胃腺

壁細胞	主細胞	有活性

壁細胞 ─分泌→ **胃酸**
營造胃中的酸性環境。

催化

主細胞 ─分泌→ **胃液**
含胃蛋白酶原。

轉為

胃蛋白酶

進行

● 消化分解食物中的蛋白質。
● 殺死食物中的有害病菌。

● 什麼是「吞嚥反射」

吞嚥反射是一個非大腦意識可控制的連續性動作。當食物刺激咽部壓力感覺受器，經由三叉、舌咽神經將訊號傳遞至腦幹的吞嚥中樞，刺激興奮後藉由三叉、舌咽、迷走及舌下傳出訊號產生吞嚥反射，包括食物往咽部送→軟顎上抬、喉部上升、聲門緊閉、呼吸暫停、會厭蓋住喉頭→最後食物進入食道等一連續的動作。

肝臟與胰臟也能幫助食物消化

肝臟與胰臟雖不屬於消化道器官，但其所分泌的膽汁與胰液可藉由導管流入小腸幫助食物分解，因此均為重要的消化腺體，而此種需利用導管將物質送到標的器官作用的方式特稱為「外分泌」。

◎ 肝臟分泌膽汁幫助脂質乳化

當經由胃消化後的酸性食糜，進入到小腸時，會刺激迷走神經，使小腸前段十二指腸中的內分泌細胞分泌膽囊收縮素及腸泌素；膽囊收縮素會使膽囊收縮將膽汁經由總膽管與腸道相接的歐第氏括約肌進入十二指腸，協助食糜的消化。平時，體內的膽汁會由肝臟製造後，由膽管運送至膽囊儲存，待需要時，再同樣由膽管分泌至小腸利用。而膽汁的成分包括有膽鹽、膽固醇、卵磷脂、膽紅素、膽綠素、脂肪酸、離子及水，卻不包含酵素，因此無法消化食糜，但是其中的膽鹽可幫助食糜中的脂質乳化，使大油滴變小油滴，更有利於脂肪的進一步分解。

至於腸泌素，則是能誘導胰臟分泌出鹼性的碳酸氫根離子，中和食糜的酸鹼性，避免來自胃部的酸性食糜進入小腸後，腐蝕小腸壁黏膜，除此之外，鹼性的碳酸氫根離子也能協助活化胰液內的酵素。

◎ 胰臟分泌胰液幫助消化

胰液是由胰臟的腺體細胞製造及分泌，當酸性食糜進入十二指腸刺激迷走神經的同時，由神經所分泌的乙醯膽鹼，便會促進胰臟的腺體細胞分泌具消化酵素的胰液，經由胰臟中的胰管進入十二指腸，並由十二指腸所分泌的腸泌素刺激胰臟分泌碳酸氫根離子，來活化胰液中的消化酵素——胰澱粉酶、胰蛋白酶及胰脂解酶，同時分解食糜中的澱粉、蛋白質及脂質，將澱粉分解為小分子如麥芽糖、半乳糖等雙醣，蛋白質分解為小分子胜肽；脂質分解為脂肪酸和甘油，因此胰液為體內重要的消化液之一。

食糜與膽汁及胰液作用後，還會再與小腸分泌的腸液作用，腸液內含的消化酵素可進行最後的消化作用，將食糜中的雙醣類分解為單醣類的葡萄糖、胜肽分解為胺基酸，才透過腸道蠕動推送這些小分子物質到小腸末端迴腸處，進行吸收。

Info 為什麼會造成「膽結石」

膽結石是因膽汁中水分含量過少，使膽固醇、卵磷脂及膽鹽比例失衡，產生結晶，即結石，若結石卡住引起膽管炎，會產生黃疸，甚至敗血症的發生。

肝臟與胰臟輔助食物消化

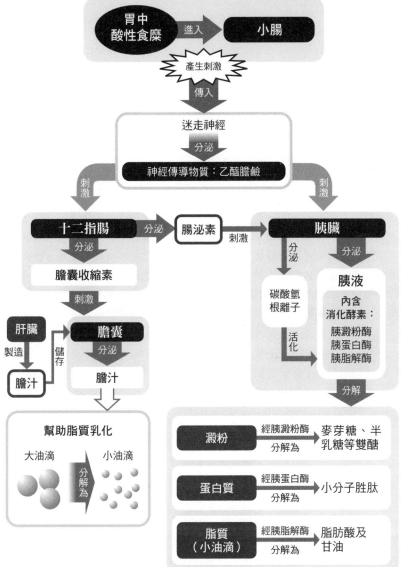

胃中酸性食糜 ──進入──→ 小腸

產生刺激

傳入

迷走神經

分泌

神經傳導物質：乙醯膽鹼

刺激 ──→ 十二指腸 ──分泌──→ 腸泌素 ──刺激──→ 胰臟

刺激

十二指腸

分泌

膽囊收縮素

刺激

肝臟 ──製造──→ 膽汁 ──儲存──→

膽囊

分泌

膽汁

幫助脂質乳化

大油滴 ──分解為──→ 小油滴

胰臟

分泌

碳酸氫根離子

活化

分泌

胰液

內含消化酵素：
胰澱粉酶
胰蛋白酶
胰脂解酶

分解

澱粉	經胰澱粉酶 分解為	麥芽糖、半乳糖等雙醣
蛋白質	經胰蛋白酶 分解為	小分子胜肽
脂質（小油滴）	經胰脂解酶 分解為	脂肪酸及甘油

小腸是養分吸收的重要器官

所有經口攝食進入消化道的食物，會在小腸完成最後的消化，分解成可吸收的最小分子，例如：葡萄糖、胺基酸、脂肪酸及甘油，並經由小腸末端迴腸的絨毛層吸收進入體內。

● 小腸的消化分解作用

　　成人的小腸約有6公尺，由前至後分有十二指腸、空腸及迴腸，腸壁的上皮細胞上有著像手指般的絨毛及凹陷下去的腺窩構造。當酸性食糜進入小腸前段十二指腸時，除了會刺激胰臟分泌胰液、膽囊分泌膽汁開始進行消化外（參見P176），也會刺激副交感神經釋放神經傳導物質「乙醯膽鹼」或「血清素」，來促進腸液的分泌，以促進醣類及蛋白質食物的分解。但是當情緒緊張時，腸道自主神經中的交感神經以及腸道上皮層內分泌細胞會釋放「神經胜肽Y」及「體抑素」，抑制小腸分泌腸液，限制了小腸消化作用，食物就無法完整消化，容易造成腸子產氣、腹瀉及腹痛，所謂「腸躁症」的症狀。

　　腸道神經系統也會控制小腸的運動，使小腸在定點內以環狀平滑肌收縮，無方向性地進行「分節運動」，讓食糜與膽汁、胰液及腸液這三種在小腸匯集的消化液充分攪拌混合。小腸除了分泌含有消化酵素的腸液外，在腸壁上皮細胞的微絨毛壁上也具有消化酵素，可將食物完全消化分解成可吸收的最簡分子如葡萄糖、胺基酸及脂肪酸的形式。接著，小腸會以有方向性的腸道「蠕動」，將食糜往離口方向推進至小腸末端迴腸吸收。

● 小腸的吸收作用

　　由於食物分子必須先與小腸腸腔的吸收表面接觸，才能將消化分解完成的食物分子由迴腸吸收，進入腸壁細胞中，因此在迴腸處的上皮細胞上具有絨毛、內皮具有微絨毛、管腔面也具有的皺摺，這些都能讓吸收食物分子的表面積因此增大，讓吸收力更佳。

　　胺基酸、單醣、維生素B、C、鈉、氯、鐵、鈣等離子，這些水溶性的食物分子可經由擴散或由轉運蛋白的幫助，吸收進入微絨毛中的微血管網後，再循環進入肝門靜脈將物質送到肝臟代謝，產生能量或其他維持生理功能的物質。至於脂肪酸、甘油及脂溶性維生素A、D、E、K等脂溶性食物分子則是藉由乳糜微粒的攜帶（食物分子與小油滴融合），進入乳糜管吸收，並經由淋巴管送入血液循環系統再送至肝臟中代謝與利用。

小腸的消化與吸收

例如 當情緒緊張處在壓力狀態時。　　**例如** 當飯後安靜休息時。

腸神經系統	內分泌系統
交感神經	分泌⬇ 神經胜肽Y 體抑素

腸神經系統	內分泌系統
副交感神經	分泌⬇ 乙醯膽鹼 血清素

⬇ 抑制　　　　　　　　　　　⬇ 促進

十二指腸 ▶分泌 **腸液** ▶分泌 中和由胃送入的酸性食糜。

腸壁微絨毛上的消化酶 ➡ 消化分解食糜成可吸收的最簡分子：雙醣→葡萄糖、小分子胜肽→胺基酸，及小分子脂質→脂肪酸。

⬇ 蠕動進入

迴腸 進行養分的吸收：

水溶性物質
胺基酸、單醣、維生素B、C及水分和鈉、氯、鐵、鈣等離子。

經擴散或轉運蛋白的協助

▶吸收進入 微血管，進入血液循環。

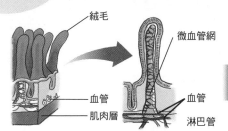
絨毛
微血管網
血管
肌肉層
血管
淋巴管

送入 ➡ 進入肝臟，供生產能量及其他維生所需的物質。

脂溶性物質
脂肪酸、甘油及脂溶性維生素A、D、E、K。

▶直接吸收進入 乳糜管（淋巴管），再送入血液循環。

糞便的形成與排除

人的大腸總長度約為1.6公尺，是儲存未經小腸吸收的食物殘渣，形成糞便的地方，並透過大腸運動將糞便推送至直腸，經由神經的控制、調節肛門內外括約肌的收縮，以於適當時機排除。

◉ 大腸的功能

　　食糜經由小腸分解、吸收後，所剩的食物殘渣會來到大腸儲存並形成糞便。雖然食物殘渣在此停留的時間最久，不過大腸所分泌的液體中，並不含消化酵素，因而不具消化功能，但大腸可吸收食物殘渣中一部分的水及電解質回到體內，並且還可透過腸內許多的常生菌，幫助合成凝血因子的組成物質——維生素K，提供體內凝血因子的製造，幫助受傷時止血。

　　此外，大腸能靠分布在大腸壁上的自主神經系統和腸神經系統的神經細胞來控制運動，協助糞便的形成。當小腸將食物殘渣送入大腸時，會使擴張的大腸壁刺激分布在大腸壁上的神經細胞，使大腸藉由內環肌與外縱肌兩種不同平滑肌收縮，進行「袋狀運動」，即讓大腸形成袋狀構造，一團一團的包住食物殘渣，便能與大腸腸壁黏膜充分接觸，有助吸收食物殘渣內剩餘的水分，形成糞便。並且在每餐飯後，被食物充滿脹大的胃及十二指腸還會刺激興奮自主神經，引起胃結腸反射及十二指腸結腸反射，以每天約1～3次的頻率，讓大腸內（約三分之二段處的橫結腸至乙狀結腸）環平滑肌往離口方向做約20公分長度的大幅度收縮，稱為「大蠕動」，將食物殘渣往直腸的方向推進，讓形成的糞便儲存於直腸。

◉ 肛門與排便反射

　　直腸為儲存糞便的地方，且能藉由直腸平滑肌收縮將糞便送往消化道的最末端開口——肛門。當直腸內沒有糞便時，直腸中非大腦意識可主宰的平滑肌——內括約肌會維持收縮的狀態。但當直腸內有糞便時，直腸就會膨脹，刺激直腸壁上的壓力感受器，並由感覺神經將訊息傳至脊髓，產生排便反射，使內外括約肌均放鬆，而排便。

　　由於直腸的外括約肌是可由大腦意識控制的骨骼肌，因此當考試或會議中臨時有了便意，卻無法離開座位如廁時，大腦意識便可透過薦椎神經控制外括約肌維持在收縮狀態，使直腸內的糞便往內推，等到適當時機再控制外括約肌放鬆，排便。在嬰兒時期即是因外括約肌未受大腦意識訓練，因此嬰兒仍無法憋住糞便。

糞便的形成與排除

小腸消化吸收後
剩餘的食物殘渣

進入

大腸

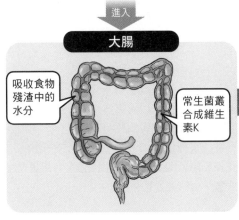

吸收食物
殘渣中的
水分

常生菌叢
合成維生
素K

形成

糞便

送入

經由大腸
的「大蠕
動」

直腸

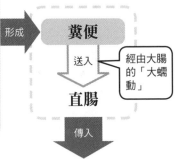

傳入

當有便意，卻無法排便時。

例如 考試中，無法立即離座如廁。

大腦意識

致使

肛門的外括約肌持續收縮

直腸內的糞便向內推，憋住不排便

直腸的壓力感受器

傳至

脊髓中樞

命令

肛門
內、外括約肌皆放鬆

排便

排便反射

腸胃道的細菌生態與屏障功能

腸胃道為直接面對外來食物的管道，食物中的細菌能直接經由飲食進入這裡，即使有些細菌對人體有益，但仍須防禦那些對人體有害的病菌，因此腸胃道具有完善的屏障功能，能清除或阻擋病菌的侵害，維護其健康。

◎ 腸胃道中的無害菌

胎兒在母體子宮內時腸道無菌，出生後便從環境及食物中建立與腸腔共存對人體無害、有些甚至有益的常生菌叢。以大腸為例，一克糞便中約有百億至千億個常生菌，這些腸道常生菌叢能與病原菌競爭生存空間和養分、可分解人體消化酵素無法分解的養分供腸道吸收、調節上皮細胞的增生和黏膜傷口癒合、調節黏膜免疫和降低腸道發炎，並且能產生某些人體無法合成但必需的維生素，如葉酸、生物素及維生素K。

◎ 破壞健康的有害菌

沙門氏桿菌、大腸桿菌、霍亂弧菌、痢疾桿菌及幽門螺旋桿菌及病毒類的腸病毒等，這些無論是由環境或食物進入人體的有害病原菌，都可能經由腸道入侵，造成細菌性腸胃炎、食物過敏、發炎性腸疾、腸躁症，更嚴重的是，若細菌進入到血液裡，就會造成俗稱的「敗血症」，若再經由血液循環進入脾、肝、腎臟等器官時，就會導致多重器官衰竭而死亡。

◎ 腸胃道的屏障功能

我們所吃的食物上可能附著對人體有害的細菌，例如：食物中的大腸桿菌和金黃色葡萄球菌過多易引發急性腸胃炎。因此腸胃道必須具免疫防禦力，以免細菌在人體內滋長，破壞健康。在胃中，由胃所分泌的強酸——胃酸，即具有殺菌功能，且食糜進入小腸後，小腸中所分泌的腸液能促成大量離子和水進入腸道，造成下痢，幫助去除腸內有害微生物。

此外，綜觀整個腸胃道，最靠近食物的那面黏膜層更是腸胃道的第一道防線，由單層上皮細胞及一些血管、免疫細胞及末梢神經組合而成，透過上皮細胞分泌大量黏液能阻擋食物中病原菌的侵入，且兩兩上皮細胞之間的緊密連結，僅能讓葡萄糖等這類小分子的物質進出，一般細菌分子量較大，便無法自兩細胞間進入細胞內，再者，上皮細胞內尚有可分解細菌的酵素，能殲滅細菌，阻擋病原菌入侵身體，以免細菌感染。

消化道的防禦功能

細菌來源

飲食　　　　環境

進入

腸胃道

腸胃道屏障功能：

屏障1
腸胃道最靠近食物的那面黏膜層，會分泌黏液，阻擋食物中的病菌侵入。

屏障2
腸胃道的上皮細胞，兩兩緊密連結，細菌無法穿過進入的細胞內。

屏障3
腸胃道的上皮細胞有可分解細菌的酵素，能殲滅細菌，阻擋其感染。

阻絕

對人體有害

病原菌
● 沙門氏桿菌、大腸桿菌、霍亂弧菌、痢疾桿菌及幽門螺旋桿菌。
● 寄生蟲類：梨形蟲、蛔蟲及鉤蟲。
● 病毒類：腸病毒。

避免

引起細菌性腸胃炎、食物過敏、發炎性腸疾、腸躁症、敗血症等疾病。

看每天吃的食物就知道睡得好不好

　　人體在清醒時，器官、組織、細胞不停地運作著，睡眠時才會休息，修補運作過程中受損的細胞，為新的一天做準備。一旦睡眠不充足、睡眠品質不良，除了會使注意力下降影響工作效率外，長期睡眠不足將導致內分泌激素分泌失調，體內生理時鐘大亂，連帶影響人體各個系統的正常運作，包括增加肥胖、糖尿病及心血管疾病罹患的機率，也可能導致如憂鬱症、精神分裂等精神方面疾病。另外，目前研究也已知，睡太久對健康同樣也會造成影響。

　　臨床上，睡眠的情形可透過腦波圖來得知。人在清醒與睡眠狀態時測量到的腦波形式有所不同，腦波可大致分為α、β、δ、θ四種。人在清醒狀態時呈現α及β波。α波是一種頻率平順的腦波，通常人在清醒舒適的狀態下如聽音樂時會有此種腦波；β波的頻率則較不規律，通常是在興奮或激動時，易有此種腦波產生。睡眠時容易偵測到的是δ及θ波，這是兩種頻率較慢的腦波，尤其當人處於熟睡狀態、少做夢時，更容易偵測到，因此睡眠過程中的熟睡階段也稱為「慢波睡眠」。但是當人在做夢時，腦波就可能呈現如清醒狀態時才出現的β，此時身體肌肉處於放鬆狀態，眼睛雖然閉著但會快速轉動，因此睡眠過程中人處於做夢的階段稱為「快速動眼睡眠」。良好且充足的睡眠一般是指反覆重複「慢波睡眠」與「快速動眼睡眠」約4個週期，約7～8小時左右。

　　二〇一三年一月，美國賓州大學醫學院發表於《食慾》（Appetite）期刊指出飲食扮演著決定睡眠時間長短的關鍵角色，多樣化飲食的人睡眠的品質也較好。

　　在另一項飲食影響睡眠的研究中發現，平均一天只睡4～5小時的「短睡眠」人、及平均睡超過9小時「長睡眠」的人、與平均睡7～8小時正常睡眠的人相比，短睡眠與長睡眠組多是攝取較少的水、維他命C、硒元素，且通常會喝較多的酒。正常睡眠組攝取的水、非精緻的碳水化合物較多，較常吃含有茄紅素的橘紅色食物、富含維他命C的蔬菜水果、含有硒元素的堅果，食物攝取的種類較多樣，而且食物中含有大量的色胺酸，色胺酸是神經傳導物質血清素的前驅物質，血清素具有誘發睡眠的功能。可見得均衡的飲食和適當卡路里，都可促進更健康的睡眠。

Chapter 8 泌尿系統

為了從養分中獲得人體維持生理需要的能量，細胞會不斷進行代謝，轉化養分為能量，但同時也將不斷地產生不需要的廢物，例如代謝蛋白質養分會產生含氮代謝廢物——氨等，這些代謝廢物無論有無毒性，人體都能透過超級過濾器——腎臟的作用，匯集成尿液，排出體外，以免堆積體內而影響健康。

人體排除廢物的重要管道

二氧化碳會藉由呼吸排出體外、消化吸收後所剩的食物殘渣會由糞便排出體外，而體內代謝蛋白質食物所產生的尿素、肌酐酸等含氮廢物，或是鉀離子、重碳酸鹽等多餘的鹽類及過多的水分，則必須透過泌尿系統來排除。

◉ 由肝臟解毒，泌尿系統排出

食物中的養分經由胃、腸消化吸收後，其中的醣類與脂肪可經由細胞內粒線體的氧化作用轉化為細胞的ATP能量，不過蛋白質（以胺基酸形式被小腸吸收）經組織器官代謝利用後，則會產生含氮廢物——氨，即是俗稱的「阿摩尼亞」，味道刺鼻難聞且對人體具有毒性。人體能藉由肝臟解毒，將氨轉換成可溶於水、毒性不高的尿素，再溶入尿液中排出體外。除此之外，體內多餘的鹽類和水分也同樣會混入尿液中一同排出。

◉ 泌尿系統如何製造及排除尿液

尿液的產生、匯集及排放是由腎臟、輸尿管、膀胱及尿道等器官組織所組成的泌尿系統來達成。其中，腎臟是製造產生尿液的地方，位於脊椎左右兩側，外形似蠶豆，外側連接著輸尿管。腎臟就如一個過濾器，會從流經於此的動脈血液中濾出尿素或其他多餘不需要的物質(如：金屬離子鉀、重碳酸鹽及一部分水分)，送入輸尿管中，也將尚可利用的葡萄糖、鈉離子及大部分水分等物質吸收保留至血液中，透過腎靜脈循流回身體利用。腎臟的重量雖約占體重的1％不到，但流經的血液量卻占心臟輸出量的四分之一，且不停運作過濾流經的血液，耗氧量更占全身的8％，所以一旦人體發生休克心臟停止跳動時，也常常會損害腎臟的功能。

尿液形成後，輸尿管平滑肌會做固定方向的蠕動，每10～15秒就將尿液往膀胱方向推送。膀胱是儲存尿液的地方，儲存量約為500毫升，為肌肉包覆的中空器官，由韌帶固定在骨盆腔內。膀胱脹滿時呈圓形，當尿液脹滿時，就會經由感覺神經傳導至大腦產生尿意，使膀胱括約肌放鬆，尿道中的逼尿肌收縮而排尿，排尿完後膀胱即恢復成又扁又小的狀態。

◉ 其他泌尿系統的重要功能

在腎臟利用過濾作用產生尿液的過程中，也同時達成了多項重要的生理作用，例如從流經腎臟的血液，將水分和離子回收至體內，因而調節體內水分及各種電解質如鈉、鉀、氫及氯離子的平衡（參見P190）。

泌尿系統的組成與重要功能

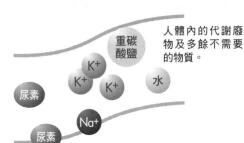

人體內的代謝廢物及多餘不需要的物質。

重碳酸鹽

K+ K+ K+ 水

尿素 Na+ 尿素

進入

①腎臟
自血液中過濾出代謝廢物及多餘的物質，形成尿液。

經由

②輸尿管
蠕動運送腎臟所產生的尿液，送入膀胱。

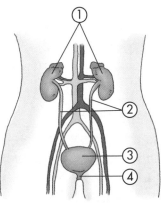

③膀胱
儲存尿液。

進入

④尿道
與尿道口連結，是排出尿液的管道。

經由

膀胱括約肌放鬆、尿道中逼尿肌收縮，排除尿液。

泌尿系統的重要功能

排除含氮廢物
將體內由代謝蛋白質所產生的尿素、肌酐酸等含氮廢物排除。

水分恆定
腎臟過濾回收大部分的水分，協助維持體內水分的恆定。

調節電解質平衡
腎臟回收或排除體內多種電解質如鈉、鉀離子，以維持濃度恆定。

調節血液酸鹼度
腎臟能排除血漿中的重碳酸根，影響血中氫離子濃度，調節酸鹼度。

調節血壓
腎臟能分泌腎素，調節造成血壓波動的鈉離子及水，來穩定血壓。

促進紅血球生成
腎臟能分泌紅血球生成素，促進紅血球的生成，預防貧血。

從「腎元」了解尿液的形成

腎臟中具有多個「腎元」是尿液製造的功能單位，透過腎小球、腎小管帶入流經體內的血液，並過濾當中的代謝廢物或多餘的物質、回收仍可利用的養分，才能匯集形成可將廢物排除、又不致使有用物質流失的尿液。

○ 腎元是濾製尿液的單位

　　人的腎臟是泌尿系統中負責製造尿液的器官，由外而內有三層，分別是顏色較鮮紅的「皮質」、偏紅棕色的「髓質」，及由灰白顏色管狀組織所形成的「腎盂」。從外圍皮質處向內延伸至髓質處，排列著一個個漏斗狀的「腎元」（一個腎臟中約有130萬個），此構造因個別具有送入血液的腎小球、細小彎曲的腎小管等結構，能分別過濾、製造尿液匯集至腎盂，因此「腎元」為腎臟產生尿液的基礎單位。

○ 每一腎元如何濾製尿液

　　腎臟中每個腎元都是由上皮組織及血管組織所組成，上皮組織包括鮑氏囊及近曲小管、亨耳氏套、遠曲小管、集尿管等接連一起的管狀構造，統稱為「腎小管」。

　　凹陷外型的鮑氏囊，包圍著由微血管纏繞組成的「腎小球」，其中的血液是在體循環中，經由腎動脈，並沿著腎臟皮質及髓質進入腎元的分支小動脈流入，此將血液送入腎小球的小動脈，稱為「入球小動脈」。之後，血液在腎小球內微血管網中循流，而鮑氏囊就像一張半透膜，初步過濾血液，讓大部分物質從血液中先漏入腎小管中，才逐步由銜接的腎小管回收需要的物質，流回體內細胞利用。不過最後這些流經腎小球微血管網的血液，會透過「出球小動脈」送離腎小球，此處血管循流方向與他處不同，為小動脈→微血管→小動脈。

　　腎動脈的分支也會在腎小管及集尿管周圍形成網狀微血管網，最後才匯合為腎靜脈，將血液送離腎臟。因此在銜接鮑氏囊的「近曲小管」，及隨後連接著的U形管——「亨耳氏套」、「遠曲小管」及最後連接的集尿管，便能將鮑氏囊過濾後的成分，再次過濾或回收，例如將葡萄糖等有用的物質，利用轉運蛋白再吸收回血液中。另外，也可將血液中的尿素及肌肝酸等這一類含氮廢物，利用分泌機制再分泌入尿液中排除。

腎元的構造與產生尿液的過程

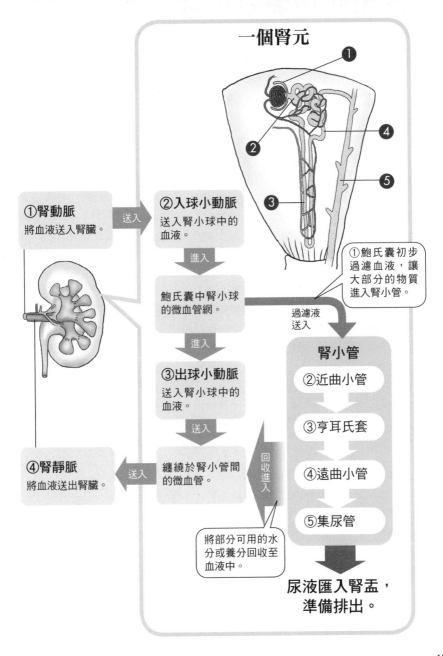

一個腎元

①腎動脈
將血液送入腎臟。

②入球小動脈
送入腎小球中的血液。

①鮑氏囊初步過濾血液，讓大部分的物質進入腎小管。

鮑氏囊中腎小球的微血管網。

③出球小動脈
送入腎小球中的血液。

④腎靜脈
將血液送出腎臟。

纏繞於腎小管間的微血管。

將部分可用的水分或養分回收至血液中。

送入

進入

進入

送入

過濾液送入

回收進入

腎小管

②近曲小管

③亨耳氏套

④遠曲小管

⑤集尿管

尿液匯入腎盂，準備排出。

腎臟如何製造尿液

腎臟在排除體內的代謝廢物時，會過濾流入腎小球的血液至鮑氏囊腔，但在過程中也有許多可用的養分如葡萄糖也一併被過濾至濾液中，因此銜接鮑氏囊的腎小管會透過再吸收作用將這些有用的物質，回收至體內利用，減少流失。

◉ 腎小球的過濾作用

腎臟製造尿液的第一個步驟，是從入球小動脈進入腎小球微血管後，將血漿過濾到鮑氏囊腔開始，此過濾液中並不含血球細胞及大型蛋白質如白蛋白及球蛋白等，除此之外其他物質成分都與血漿相同，特稱為「超濾過液」。此過濾作用必須統合多個作用力，包含腎小球中的微血管血壓、抵抗過濾作用的鮑氏囊腔中的液體壓力，和血漿中蛋白質所造成的滲透壓，才能讓血漿自血液順利滲入鮑氏囊腔，此促成腎小球自血管推擠出濾液的壓力，即稱為腎小球過濾壓。

◉ 腎小管的再吸收作用

過濾至腎小管的濾液，僅過濾掉血漿中大分子的蛋白質物質，血漿中的其他成分均滲入腎小管濾液中，因此濾液中仍含有許多身體可用的養分，例如營養物質、無機離子及水分等。為了避免流失這些物質，腎小管具有一套再回收機制（主要在近曲小管和亨耳氏套進行），即物質會透過擴散或利用運輸蛋白再吸收進入血液中。此再吸收作用不僅回收了養分，也能調節體內物質濃度的平衡，尤其體內大部分的水分及離子濃度易受飲食、人體活動等波動，例如大量喝水後，體內的水分過多，腎小管便會減少水分的再吸收作用，讓多餘的水分排出體外，來維持體內水分恆定。

◉ 腎小管的分泌及排毒作用

將可用物質吸收回體內後，腎小管（主要是遠曲小管處）會再把一些體內不用、多餘的物質自微血管滲入腎小管中，混入尿液而排除，此「分泌作用」類似腎小球的過濾作用，但機制不同，是藉由擴散或輔助蛋白的協助將體內過多的氫離子和鉀離子，以及其他體內不需要的膽鹼和肌酸酐等有機陰離子分泌至腎小管中，以協助調節體內電解質及酸鹼度的平衡。

最後，腎小管細胞還能分解來自腎小管管腔或是腎小管周圍微血管內的一些類似胜肽的含氮有機物質，讓這些物質形成尿素溶於尿液，此功能就像肝臟的解毒功能，腎臟能將一些藥品經體內代謝作用後的衍生產物分解排出，因此才有濫服中西藥會造成肝腎功能損害的說法。

腎臟製造尿液的過程

Step1 過濾作用

作用位置：腎小球→鮑氏囊。
過濾入球小動脈的血液，除大
分子蛋白質外，讓血漿中的其
他成分均濾至鮑氏囊中。

腎小球

鮑氏囊

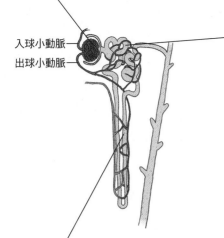

入球小動脈

出球小動脈

Step2 再吸收作用

作用位置：近曲小管、亨耳氏套。
將葡萄糖等營養物質、無機離子及
水等回收至血液中，供身體利用。

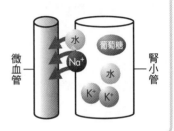

微血管

水

Na⁺

葡萄糖

水

K⁺ K⁺

腎小管

Step3 分泌作用

作用位置：遠曲小管。
將鉀離子、膽鹼和肌酸
酐等過多或不需要的物
質，送入腎小管。

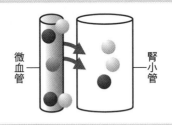

微血管

腎小管

尿液形成

排尿作用

尿液會暫存於膀胱再排出

腎臟經由過濾、再吸收及分泌作用後製造出的尿液，會藉由輸尿管，將尿液送至膀胱儲存，當儲存至一定量時才會經由神經反應產生尿意，控制尿液排出，讓人不需隨時排尿而影響日常活動。

◎ 膀胱如何排放尿液

　　腎臟將製造的尿液經由輸尿管送入膀胱。膀胱是一個氣球狀肌肉性的中空囊袋，可彈性地漲縮。男性的膀胱位於直腸前，女性的則位於子宮前。我們如何知道要排尿了呢？當膀胱儲存尿液到約200～300毫升時，膀胱漲大內部壓力增加，膀胱肌肉向外被拉長便刺激膀胱壁的牽張接受器，活化了感覺神經除了傳送神經訊號上傳至大腦產生尿意之外，這個神經訊號也傳至脊髓，以刺激位於骨盆處的副交感神經活化，引起逼尿肌（膀胱壁上平滑肌的統稱）收縮、靠近尿道處的逼尿肌——內尿道括約肌鬆弛，而同一時間，也會反射抑制下腹部的交感神經、及抑制控制外尿道括約肌（包圍尿道的環狀骨骼肌）的陰部神經活性，使內外尿道括約肌都呈現放鬆、打開的狀態，讓尿液能排出體外，此即排尿作用。

◎ 大腦意識讓人能憋尿

　　排尿作用是由膀胱的牽張接受器活化感覺神經，傳送神經訊號至脊髓，脊髓再活化副交感神經使逼尿肌收縮、內尿道括約肌鬆弛而引起，雖為一局部性的脊椎反射，但因外尿道括約肌屬於可受大腦意識影響的骨骼肌，所以可以用意志力控制使外尿道括約肌收縮而不排尿。這就是為什麼當我們有尿意非常想排尿，但沒辦法即刻解決時，可以憋住尿液不排出的原因。

◎ 膀胱為什麼會發炎

　　女性因尿道開口與膀胱距離較短且距離肛門口近，比男性更容易在喝水不足及憋尿的情形下，細菌（尤其是大腸桿菌）由尿道口入侵沿著尿道感染膀胱引發細菌性膀胱炎，引起頻尿、排尿灼熱感或疼痛、血尿等症狀，嚴重者將導致腎臟發炎。若是治療不夠完全，排尿不適症狀會一再復發，且細菌將對抗生素產生抗藥性，最終將演變為慢性膀胱炎。預防之道是多喝水且不憋尿，如廁後尿道口保持乾爽，不穿太過悶熱不通風的衣褲，女性於性行為後更應把尿液排乾淨，以免細菌增滋生。

如何將尿液排出

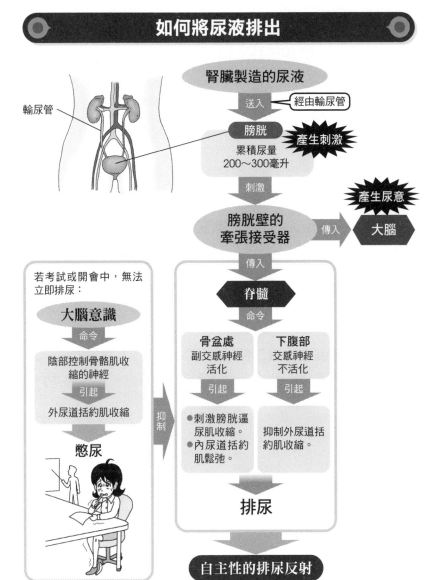

Info　關於尿失禁

尿失禁經常發生在年紀較大的女性，這是一種非自主性的尿液排放症狀，常見會在打噴嚏、咳嗽、運動的過程中發生，稱為壓力型尿失禁，發生原因通常是女性陰道前部對尿道的支撐能力喪失所致，可利用雌激素療法或外科手術來加以改善。

腎臟還能調節血壓和鈣質吸收

腎臟除了腎上腺這個內分泌腺體外，本身也會分泌激素如紅血球生成素，能促進紅血球的生成；分泌活化態的維生素D，協助人體鈣質的吸收，因此腎臟不僅是負責排泄的器官，也在維持正常生理運作上扮演了重要角色。

◎ 製造紅血球與調節鈣質吸收

腎臟除了能排泄體內廢物外，也能透過分泌激素或酵素，調節體內其他重要生理運作。例如：腎臟能分泌一種醣蛋白激素──「紅血球生成素」，作用在負責製造紅血球的骨髓上，促進紅血球的生成與分化，增加紅血球的數量。腎臟也能分泌活化態的維生素D，當成一種激素，進入血液循環中，促進小腸對鈣及磷的吸收作用，幫助骨骼的生長與重建。因此，若腎臟病變，就會影響紅血球生成素的製造，引起貧血，也會影響鈣和磷的吸收，導致骨質疏鬆等相關病症，所以患有腎臟病者便需要額外施打補充紅血球生成素及活化態維生素D。

◎ 腎素及其他調整血管活性物質

此外，腎臟還會分泌一種蛋白質酵素──「腎素」，調節我們的血壓。腎素進入血液循環，會在血中將肝臟所製造的大型血漿蛋白──「血管張力素原」分解成「第一型血管張力素」。之後，再經由血液中的酵素作用分解形成「第二型血管張力素」，第二型血管張力素能促進腎小管對鈉離子及水分的再吸收作用，因此當體內因大量失血血壓降低時，腎臟會分泌大量腎素，使第二型血管張力素濃度升高，加強腎小管的再吸收作用，使較多的水分及鈉離子回收進入血液中，增加血液量，血壓便上升。

也因第二型血管張力素能加強腎小管再吸收水分和鈉離子，因此當運動流汗而流失大量水分和鈉離子時，人體也能透過腎臟分泌腎素，促進第二型血管張力素作用，自腎小管中回收水分和鈉離子，來穩定體內水分及電解質的濃度。

◎ 人對水分與鹽分是否有攝取慾？

在正常生理狀況下，細胞外液容積的減少、及血漿滲透度增加，會刺激下視丘，引發口渴反應，使人體主動去找水喝，當喝了適量的水補充流失的水分後，會刺激胃腸道中的飲水感應器，使口渴的感覺停止。但人對鹽分的攝取似乎並沒有類似的調節機制，因此對於重口味的食物總是難以抗拒。

腎臟能調節多項重要的生理作用

腎臟

分泌

紅血球生成素

作用位置：骨髓
刺激骨髓生成紅血球，並幫助其成熟分化。

活化態的維生素D

作用位置：小腸
促進小腸對鈣及磷的吸收作用，幫助骨骼的生長與重建。

鈣、磷好吸收　　　　骨骼更強健

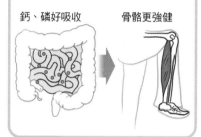

腎素

作用位置：腎小管周圍血液中

- 調節血壓
  例如 大量失血，血壓降低時。

- 維持水分和電解質平衡
  例如 運動大量流汗。

肝臟 --製造--> 血管張力素原

腎素

形成 / 分解

第一型血管張力素 --酵素作用 形成--> 第二型血管張力素

促進

腎小管再吸收更多的鈉離子及水分回到血液中。

血液量增加，血壓上升。　　　減少鈉離子及水分的流失。

人如何維持體內酸鹼平衡

一般正常人的體液酸鹼度約維持在7.4，酸鹼度即代表氫離子濃度，其濃度影響著體內基礎且重要的代謝作用，例如：影響酵素活性，因此人體必須透過呼吸作用及排尿作用，調節著體內的酸鹼度，維持其穩定與平衡。

◎ 氫離子濃度決定體內酸鹼度

人體內的氫離子大部分是由呼吸作用所產生的二氧化碳，再經酵素作用後產生，其次則是由養分代謝作用所產生的磷酸、硫酸及乳酸等，再解離後產生。每日經由代謝作用產生的氫離子高達40～80毫莫耳，但血液酸鹼度卻依舊能維持在一恆定範圍，無太大的變動，這都歸功於體內的緩衝劑。所謂的「緩衝劑」是指能與氫離子做可逆性結合（結合後還能分解，再與其他氫離子做結合）的物質，使酸鹼度不會有太劇烈的變化，例如血紅素、磷酸鹽及重碳酸鹽都是體內常見且良好的緩衝劑。

◎ 呼吸和排尿調節人體的酸鹼平衡

除了透過呼吸作用（參見P138）外，人體也透過排尿作用來調節體內的酸鹼度。從呼吸系統來看，當動脈血漿中的氫離子濃度下降時，例如呼吸性鹼中毒，會反射性地降低換氣作用，減少二氧化碳排出，使血漿中的二氧化碳分壓上升，再經由酵素作用促使血漿的氫離子濃度上升；反之，將引起過度換氣，加速二氧化碳排出，血漿氫離子濃度即降低，回復正常酸鹼度。

腎臟則是藉由控制血漿中重碳酸鹽的濃度，來保留或排除體內氫離子，調節體內酸解度。體內的重碳酸鹽是由細胞代謝作用所產生的二氧化碳，溶於血漿中的水，而生成帶有負電離子偏鹼性的物質，因此可與帶有正電價的氫離子結合形成碳酸，並且可經由腎臟過濾、再吸收與分泌過程，排入尿液或添加至血漿中。例如因嘔吐（將胃中的胃酸吐出）而引起的代謝性鹼中毒，即血漿中氫離子濃度下降時，腎小管會將大量重碳酸鹽排入尿液中，使血漿中的重碳酸鹽減少，氫離子缺乏可結合的重碳酸鹽，氫離子濃度便相對增加；反之，因過度疲勞導致體內乳酸過多或腹瀉而引起代謝性酸中毒，即血漿中氫離子濃度上升時，腎臟就不再排泄重碳酸鹽至尿液中，反而讓腎小管細胞產生更多新的重碳酸鹽進入血漿中，與更多的氫離子結合，讓氫離子濃度降低，回復到正常範圍。

體內酸鹼平衡的調節

調節機制1 呼吸作用

動脈血漿中的二氧化碳決定氫離子濃度（酸鹼度）

例如 過度換氣引起「呼吸性鹼中毒」。

例如 腦炎、麻醉引起「呼吸性酸中毒」。

血漿中的二氧化碳下降	血漿中的二氧化碳上升

促使

促使

導致

導致

二氧化碳累積， 分解生成更多氫離子。	排除大量二氧化碳， 減少氫離子生成。

維持正常酸鹼度

調節機制2 排泄作用

血漿中重碳酸鹽的多寡決定氫離子濃度（酸鹼度）

例如 過度疲勞產生大量乳酸或腹瀉，引起「代謝性酸中毒」。

例如 嘔吐（將胃中的胃酸吐出），引起「代謝性鹼中毒」。

血漿中氫離子濃度上升	血漿中氫離子濃度下降

促使

促使

腎小管細胞產生更多 重碳酸鹽進入血漿	腎小管分泌更多重碳酸鹽至尿液

導致

導致

更多的氫離子與重碳酸鹽結合， 氫離子濃度降低。	減少血漿中的重碳酸鹽，使氫離子濃度相對增加。

維持正常酸鹼度

肝、腎都能為我們排掉吃進的毒物嗎？

　　所有經口服用進入人體的食物或藥物，會由消化道消化後，透過胃部（少部分）及小腸（大部分）吸收後，經血液循環送入肝臟。肝臟內含許多種類的酵素，如代謝營養物質的糖解酵素（將葡萄糖轉為丙酮酸）、轉胺酵素（代謝胺基酸為氨）及細胞色素P450型酵素（合成類固醇所衍生的激素和將藥物毒素解毒）。肝臟細胞即利用這些酵素不僅可將吸收的食物養分（葡萄糖）分解成為能量ATP或合成肝醣儲存，也透過細胞色素P450型酵素的作用，改變藥物及食物中毒素的結構，為人體去除這些藥物或毒素的活性，增加親水性，讓它更能溶於血漿中，此過程就是常說的，肝臟的「解毒作用」。

　　之後這些藥物及毒素隨著血液循環來到腎臟、皮膚及肺臟，藉由腎臟的過濾作用將這些經肝臟代謝過親水性提高的藥物或毒素，過濾至尿液中而排出體外，或者藉由出汗及呼吸排出體外，這過程就是俗稱的「排毒」。

　　因此若經常吃得太油太鹹，肝臟就必須製造大量的膽汁及酵素才能幫助食物分解與代謝、腎臟腎小管處也需再花費更多能量來吸收（再吸收作用）血液中過多的鈉離子（鹽巴的成分為氯化鈉，在血漿中解離為鈉離子及氯離子），而增加了肝、腎的代謝負擔。另外，若服用太多的止痛劑及來路不明的藥物，裡頭也可能隱藏許多肝、腎無法代謝排出的毒素，破壞肝、腎的解毒排毒功能，引起肝臟發炎或腎臟間質細胞纖維化等不可逆的病變。這些人體無法回復其正常功能的病變，目前在臨床治療上也仍僅採用替代的方式，例如肝臟細胞移植：從他人體內取得正常肝細胞，修補受損的肝細胞；而腎臟功能喪失也僅能透過「洗腎」，以替代的透析裝置取代腎臟功能，來過濾體內代謝生成的廢物和毒素。

　　預防肝臟及腎臟病變的基本原則，即在日常飲食就應重視食物的來源、少量多餐及切勿聽信他人建議亂服成藥或來路不明的中草藥，以免造成肝、腎的負擔。

Chapter
9

生殖系統

新生命的誕生代表著生命的延續，這就是生殖的意義。透過男、女兩種性別中，分別存有的精子與卵子的結合下，由生命的雛形——受精卵逐漸分化成胚胎，再花上約280天才孕育為胎兒。而這一連串的過程都是在體內多種激素準確的控制及長期調節下，才得以完美達成。

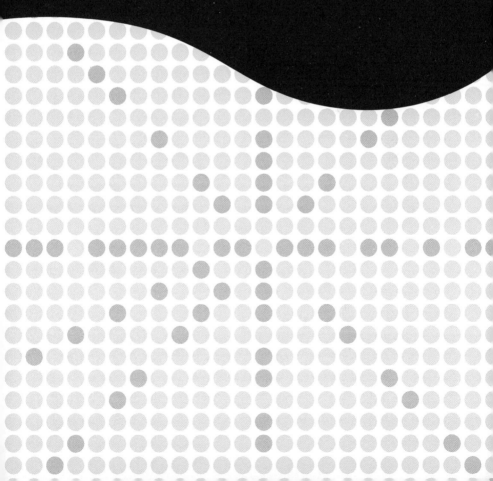

認識生殖系統

激素調節生殖系統的成熟

體內性腺激素的調節,讓人具備成熟且完善的生殖系統,不僅讓成熟的精、卵受精生成新個體、新生命得以在足夠的養分、安全的環境下孕育著,也調節母體順利產出、及提供新生兒充分的乳汁,繼續維持生長。

● 人類的生殖方式

人為胎生動物,能由母體直接產下已發育完整的新個體。此新個體是男女性經由性行為,讓男性精子進入女性陰道中,並在輸卵管前端使其與女性的卵子結合,達成「受精」,並獲得父母各半的基因,才能於母體內孕育成為一個新生命。經受精形成的胚胎會藉母體的胎盤及臍帶獲得氧氣與養分、及排出二氧化碳及代謝廢物,並包覆在充滿羊水的羊膜中保護著約280天才發育完全,透過子宮收縮將胎兒產出。

● 生殖必須受內分泌的調節

無論男女性,其生殖系統的發育均需由性腺激素來調節,使生殖系統發育成熟,才具完善的生殖功能。女性由卵巢濾泡所分泌的「動情素」,不但在青春期幫助月經週期形成,還可促進乳腺發達、骨盆寬大、聲音尖細等第二性徵的表現,也會在排卵前後增加子宮頸黏液的分泌及維持性慾。至於男性則由睪丸間質細胞所分泌的雄性素「睪固酮」,不但可在青春期促進喉結突出、聲音低沉等第二性徵表現,也幫助精子合成、促進蛋白質合成增加肌肉生長、增進性慾等。除此之外,睪固酮還能經由體內的酵素作用轉變為「二氫睪固酮」,來促進前列腺、外生殖器發育,也影響第二性徵如長鬍鬚、面皰、雄性禿的表現。

因需孕育胎兒、生產及哺乳等,女性的性腺卵巢還會分泌「黃體素」,又稱為助孕素,使子宮內膜增生,幫助胚胎著床及穩定懷孕時的子宮,並且還可促進乳腺發育,產生母乳等功能。

● 下視丘控制性腺分泌

無論男女,這些性腺激素的分泌與調節作用都由大腦下視丘控制,隨著青春期的到來這個訊息刺激下視丘後,下視丘會分泌「性腺釋放激素」,來刺激腦垂體前葉分泌「濾泡刺激素」和「黃體刺激素」(參見P153)作用在性腺,並促進性腺激素(雌性激素如:動情素;雄性激素如:睪固酮)的釋放、女性卵巢濾泡成熟與排卵、及男性精子的生成。

生殖系統的發育受激素影響

內分泌系統的作用

 刺激　例如 濾泡成熟等發育狀態

下視丘
分泌性腺釋放激素 ──刺激→ **腦下垂體**
分泌黃體刺激素、濾泡刺激素

刺激

性腺
分泌雄性素、雌激素

調節

男性：

● **生殖系統的發育**

例如 外生殖器（陰莖、睪丸）的發育、精細胞及間質細胞的成熟等。

● **第二性徵的表現**

喉結突出、聲音低沉、長鬍鬚、肌肉生長等。

男性生殖系統

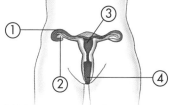

①輸精管
輸送精子至副睪。
②副睪
精子的成熟與儲存。

③睪丸
產生精子與雄性激素。
④陰莖
射精與排尿功能。

女性：

● **生殖系統的發育**

例如 卵巢內濾泡成熟及排卵、輸卵管及子宮的發育等。

● **第二性徵的表現**

乳腺發達、骨盆寬大、聲音尖細等。

● **月經週期、懷孕、生產及哺乳期間的生理需求。**

女性生殖系統

①輸卵管
輸送卵子至子宮。
②卵巢
產生卵子與雌性激素。

③子宮
胚胎發育的場所。
④陰道
精子進入及胎兒生產的管道。

能泳動才算是成熟的精子

精子是男性的生殖細胞，由睪丸產生，並在副睪成熟，裝載著新個體中一半的遺傳物質，其成熟外型如同蝌蚪，擁有泳動的能力，才能自女性陰道游入輸卵管與卵子結合而受精。

○ 精子如何生成

男性的精子是在青春期開始由睪丸製造生成，睪丸中包含大量彎彎曲曲的「細精管」以及位在細精管之間形成疏鬆組織的「間質細胞」，約占睪丸80％的細精管負責製造精子，僅占20％的間質細胞則是負責雄性激素的生合成。出生後，男性的細精管內含有「精原細胞」（染色體為23對，雙套），這是尚未分裂為成熟精子的初生細胞，待男性進入青春期，才開始進行細胞分裂產生「初級精母細胞」（染色體為雙套），再經過兩次減數分裂產生「精細胞」（染色體為單套，23條），以逐漸成熟為「精子」（染色體為單套，23條）。

由精細胞成熟為精子時，為了將來能與卵子受精形成新個體，精子會發展出尾巴的獨特構造，以便將來能從女性的陰道游動至輸卵管，並且在這段漫長的旅程中，精子為了簡便行囊，其頭部的細胞質會萎縮，讓體型縮小，而細胞核集中形成「尖體」構造，裡面除了含有遺傳物質之外，還具有水解酶與分解蛋白質用的酵素，可分解卵子外的保護層以利受精。

○ 精子的儲存

藉由陰囊動脈與靜脈的血液循流，以及陰囊皮膚皺摺的緊縮（冬天）與放鬆（夏天），調節散熱，使精子存活在34℃左右的最適溫度。睪丸無正常掉落在陰囊中而停留在鼠蹊部腹股溝處的隱睪症或陰囊溫度超過36℃過熱（如夏天穿著緊身不通風的牛仔褲、或是在高溫處工作的男性）都將影響精子的生成，造成不孕。正常情況下，男性體內生成精子的數量必須為每毫升精液中約含有一億個精子，只要每毫升少於二千萬個精子，就易造成不孕。而精子在睪丸處生成後，會送至副睪處熟成才具有泳動的活性，所以一般人工受精取精的地方即為副睪。精液中精子約占10％，其它都是來自前列腺、精囊腺及尿道球腺這三個腺體所分泌的水分、養分、酵素、黏液及儲精囊所分泌的前列腺素等，其中重要的是前列腺素，其能協助精液在進入女性生殖系統時，刺激子宮平滑肌收縮，使精子能順利進入輸卵管，達成受精。

精子的生成

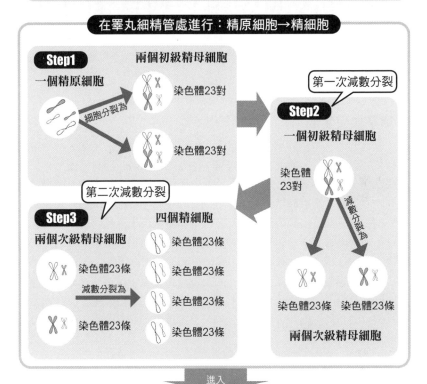

在睪丸細精管處進行：精原細胞→精細胞

Step1

一個精原細胞 → 兩個初級精母細胞

細胞分裂為

染色體23對

染色體23對

第一次減數分裂

Step2

一個初級精母細胞

染色體
23對

減數分裂為

染色體23條　染色體23條

兩個次級精母細胞

第二次減數分裂

Step3

兩個次級精母細胞 → 四個精細胞

染色體23條

減數分裂為

染色體23條

染色體23條
染色體23條
染色體23條
染色體23條

進入

在副睪處進行：精細胞→精子

精細胞　　精子

成熟為

染色體數目
23條

染色體數目
23條

頭部
細胞核集中形成尖體，
內含遺傳物質、水解酶
與酵素，可分解卵子外
的保護層以利受精。

可泳動的尾巴

女性體內的卵子只會逐漸減少

女性在出生前卵子已初步分化出一定量未成熟的「初級卵母細胞」，待女性出生後，再將其熟成為與精子結合受精的「次級卵母細胞」，因此終其一生這些卵子數目不會再增加（約四百多顆卵子），以致女性僅有有限的生育期。

◎ 卵子如何生成

　　女性的卵子是由卵巢生成，卵巢中有著各種成熟期的濾泡，濾泡中即含有待發育的卵子。當女性仍為母體中孕育的胚胎時，卵巢中僅具有「初級濾泡」，其中含有可形成卵子的卵原細胞，女嬰出生後，卵原細胞已經由細胞分裂為「初級卵母細胞」，直到青春期，才會經由減數分裂將初級卵母細胞熟成為「次級卵母細胞」，由卵巢濾泡釋出至輸卵管，這就是女性月經所排出的卵子。只在排出的次級卵母細胞與精子結合而受精時，才會再次減數分裂為卵細胞，和來自精子單套染色體進行融合形成受精卵。

　　女性在出生時，卵巢中約有一百萬個濾泡，但由於這些濾泡細胞在出生後就沒有再進行細胞分裂了，所以數量不再增加只會減少。而自青春期後每個月由卵巢排出1～2個，一旦卵巢不再排卵，女性即喪失生育能力進入更年期。

◎ 激素如何調控排卵過程

　　女性自青春期開始，性腺激素會調控濾泡的成熟與排卵。由腦下垂體所分泌的黃體刺激素會刺激濾泡合成「雄性素」，再經由濾泡中的芳香環酶轉換成「動情素」。濾泡發育從早期進入至中期，便開始以負回饋抑制腦下垂體分泌黃體刺激素，減少動情素的合成；待濾泡發育至晚期欲接近成熟時，動情素才轉以正回饋，持續促進腦下垂體釋放大量黃體刺激素，來引起排卵。排卵後，濾泡的基底膜就會被破壞，而與卵巢中的血管融合在一起，形成稱為「黃體」的組織。黃體就能直接接受來自血液中的膽固醇，以膽固醇為原料合成「黃體素」，來促進子宮內膜增生，以便一旦卵子與精子受精時，提供做為受精卵著床形成胚胎的環境。

　　精子與卵子具有一定壽命及最佳的受精時機，卵子在排出後存活時間最長約36小時，但受精能力最好的時機則為排卵後的6～12小時，所以女性在排卵期是受孕的最佳時間。排卵兩週後若無法順利受精時，黃體則會開始死亡，黃體素及動情素濃度急遽下降，會導致子宮內膜脫落，由陰道排出形成經血稱為「月經來潮」。

卵子的生成

女性出生後即已發育為「初級卵母細胞」

進入青春期時，第一次減數分裂

受精時，第二次減數分裂

卵原細胞　　初級卵母細胞　　極體

染色體23對　　染色體23對

極體

極體

次級卵母細胞
染色體23條

極體

卵細胞
染色體23條

每個月排出的卵子形式

女性青春期，卵巢開始排卵

腦下垂體
分泌
黃體刺激素
刺激
濾泡
合成
雄性素
轉為　由芳香環酶作用
動情素

負回饋抑制

每個濾泡內包覆一個次級卵母細胞

濾泡從發育早期至中期

動情素逐漸減少，讓濾泡持續發育，從中期至晚期。

濾泡發育晚期至成熟

腦下垂體
分泌
黃體刺激素
刺激
濾泡
產生
動情素

動情素持續促進生成黃體刺激素

正回饋促進

黃體刺激素大量增加，引起排卵。

「次級卵母細胞」自卵巢濾泡排至輸卵管

205

「月經」代表具有生育能力

女性特有的生理週期，歷經排卵、黃體生成、子宮內膜增生、卵子未受精及子宮內膜剝落出血等過程，稱為「月經週期」。具有月經週期的女性，表示已達性成熟階段即代表具有生育能力。

○ 什麼是「月經」？

隨著發育，女性在平均年齡約十二歲，就會有初次的月經到來，代表已經進入青春期，同時表示卵巢已能排卵，具有生育能力。遺傳、飲食與健康狀況等因素都可能影響初潮及更年期的提前或延後。一次月經週期約為28天左右，長短因人而異，女性的最長周期減去最短周期結果在八天以內的都屬於正常現象。

○ 月經週期中各種雌激素的變化

依卵巢中的生理變化，可將月經週期分有濾泡期與黃體期，以排卵日做為區隔，排卵前為濾泡期約有14天，排卵後則進入黃體期。濾泡期包含月經來潮的經期至排卵的階段。在濾泡初期，經歷了上一次經期之後，由腦下垂體分泌的濾泡刺激素作用在卵巢內會使多個濾泡同時發育，且這時動情素與黃體素的含量仍很低，到了中期，則僅有其中單一個濾泡生成，體內也逐漸增加動情素的分泌，一直到濾泡晚期，卵巢大量分泌動情素，在約第14天即排卵前一日達到高峰，經由正回饋作用持續刺激腦下垂體產生大量「黃體刺激素」，來誘發排卵使濾泡成熟並釋放卵子。

排卵後即進入黃體期，排卵後的濾泡形成黃體，並製造產生大量「黃體素」，促進子宮內膜持續增厚，子宮頸分泌黏稠的黏液，使精子容易通過。若排出的卵子未受精，黃體則在第25天萎縮退化為白體（受精的卵子才會使黃體轉為妊娠黃體，參見P210），動情素與黃體素分泌量減少使子宮內膜無法持續增厚而崩解出血，未受精的卵子也一起排出，形成經血，此即為「月經」，隨後便再開始進入下一個濾泡期，並由動情素幫助子宮內膜重新增生。待下一個濾泡期開始，腦下垂體開始增加分泌濾泡刺激素，重啟卵巢濾泡的發育，便又開始下一次的月經週期。

Info 什麼是「經前症候群」？

常發生於經前前3～5天，由於自黃體退化而來的「白體」不會分泌性腺激素，造成女性體內黃體素與動情素都較低，易產生一連串情緒煩躁、水腫、疲勞等生理或心理的不適症狀，即為經前症候群。此時，可多補充維生素B6，幫助緩解症狀。

女性月經週期

一個月經週期約28天左右，
每一週期包括濾泡期及黃體期。

濾泡期

| 腦下垂體增加濾泡刺激素的分泌，讓卵巢中開始發育濾泡。 | 體內動情素、黃體素濃度仍低。 | | 體內動情素逐漸增加。 |

月經來潮
動情素與黃體素的分泌量減少，子宮內膜無法持續增厚而崩解出血。

濾泡初期
同時有多個濾泡正在發育。

濾泡中期
僅有一個濾泡發育形成。

濾泡晚期
濾泡發育成熟，產生次級卵母細胞。

卵子未受精

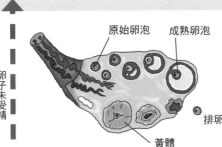

原始卵泡　成熟卵泡

排卵

黃體

體內大量分泌動情素（排卵前一天分泌最大量）。

排卵

經由正回饋作用產生大量「黃體刺激素」，誘發排卵。

黃體期

濾泡形成黃體，並製造產生大量「黃體素」，促進子宮內膜持續增厚。

第二十五天後，卵子若未受精

卵子精子結合，達成受精

黃體逐漸萎縮成白體。

黃體會轉而形成妊娠黃體（參見P210）。

男性如何產生性衝動

男性可透過活化自主神經與神經衝動引起勃起、洩精與射精三階段的性行為，讓精子能進入女性陰道中，以到達輸卵管與卵子結合，促成受精。

◎ 自主神經控制性行為

男性性衝動的第一階段是外生殖器陰莖的勃起。引發勃起反應的刺激來源種類非常多，包括想到、聽到、看到或是撫摸的刺激，皆可讓副交感神經興奮，及刺激陰莖血管內皮細胞釋出一氧化氮進入陰莖的小動脈平滑肌細胞內，並在環狀鳥苷一磷酸（cGMP）的協助下，使陰莖的小動脈舒張，導致陰莖海綿體充血膨脹壓迫外膜靜脈，使靜脈回流減少而勃起。

陰莖勃起之後便誘發脊髓反射，「洩精」為第一階段的脊髓反射，因男性龜頭處受到強烈刺激，經由內陰部神經傳至腰椎脊部位，然後透過下腹部神經刺激儲精囊與輸精管收縮，將精子運輸到尿道。之後，第二階段的脊髓反射，則是因交感神經興奮引發的神經衝動，引起陰莖海綿體肌不斷地收縮，將精液排出尿道外，此即為「射精」。

◎ 男性的性功能障礙

男性不僅因糖尿病、慢性腎衰竭、高血脂症、脊髓神經傷害、骨盆或海綿體傷害等生理因素（或也稱為器官性所造成的神經血管異常），或是手術後神經血管的傷害、藥物的副作用、肝硬化會引起勃起機能障礙外，長期工作壓力、睡眠不足及情緒等，或是過度地飲酒及抽煙等心理因素也可能會造成短期間的性功能障礙。

勃起機能障礙是指男性於性行為過程中，因海綿體內充血狀況不夠來維持陰莖的硬度，造成無法維持或達到滿意的性關係。因此市面上才會出現俗稱藍色小藥丸的威而鋼這類藥物，藉由抑制會分解cGMP的酵素，使大量能促進陰莖小動脈舒張的cGMP累積，而增加陰莖充血時間，增進勃起功能，來幫助勃起機能障礙的男性重新找回男性雄風。

Info 一氧化氮對人體的重要性

一種名為「精胺酸」的胺基酸可經由分布在血管內皮細胞，或神經組織內的酵素作用形成一氧化氮。由於它是氣體，可自由進出各組織器官，因此是體內重要的化學訊息傳送分子。一氧化氮在細胞膜上與特殊接受器結合後，可吸引第二傳訊者cGMP將此化學訊號擴大並發揮功用，除了促進男性勃起功能外，最重要的還有使血管擴張放鬆，減少心肌梗塞和腦血管病變的發生機率。

男性性行為

- 中樞神經刺激情緒
  （想到、聽到、看到）
- 撫摸陰莖的刺激

刺激 →

副交感神經

↓ 刺激

陰莖血管內皮細胞釋出一氧化碳

引起 → 經由cGMP作用

陰莖小動脈舒張

↓ 導致

陰莖海綿體充血膨脹

↓ 壓迫

陰莖外膜靜脈

導致 → 靜脈迴流減少

引發 ↓

陰莖勃起

引起脊髓反射，刺激交感神經興奮。

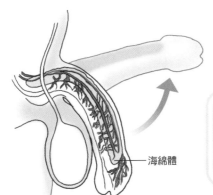

海綿體

第一階段：洩精

陰莖龜頭受到刺激

引起 →

下腹部神經刺激儲精囊與輸精管收縮

→ 運輸精液至尿道。

第二階段：射精

交感神經興奮引發神經衝動

引起 →

陰莖海綿體肌不斷地收縮

→ 精液排出尿道外。

精卵受精

受精卵如何發育為胎兒

當精子與卵子在輸卵管受精，形成受精卵開始，一邊分裂形成囊胚一邊朝著子宮前進，約7～10天時在子宮內膜著床。當囊胚安穩的在子宮著床時，即開始約280天的懷孕期，讓囊胚在胎盤的養分供應及保護下發展成胎兒。

● 受精至子宮著床

男性的精子進入女性生殖道中約可存活3天，在此期間，精子與卵子若能在輸卵管前三分之二處結合受精，讓精子的細胞核進入卵細胞內，與卵核結合，就能形成「受精卵」。而受精卵會一邊分裂一邊朝子宮方向滾動，期間由一個細胞分裂為兩個細胞逐步以細胞分裂形成具有約32個細胞的囊胚，這個囊胚內的細胞具有分化能力，依照各別細胞核內基因不同的調控，這些細胞將可分化形成胎盤及人體各種組織器官。囊胚約於受精後第6～8天開始在子宮體中線後壁處著床。著床的囊胚具有外圍的滋養層細胞與內部細胞質塊，滋養層細胞能分泌酵素溶解子宮壁，幫助著床並形成胎盤。至於囊胚內部的細胞質塊則發育成為胎兒。

在囊胚著床前，囊胚還會分泌人類絨毛膜促性腺激素（HCG），使卵巢中的黃體變成妊娠黃體，妊娠黃體再分泌「黃體素」，使子宮內膜增厚並穩定厚度，直至胎盤發育完成。因此通常女性驗孕即是測定尿液中是否含有人類絨毛膜促性腺激素為懷孕依據。

● 胎盤的功能

囊胚著床後就在子宮腔裡逐漸發育為胚胎，約九周以後因開始產生心音及神經系統發育而成為胎兒；外圍滋養層形成的胎盤是一種植入於母體子宮內側表面的暫時器官，內層是包含有羊水的羊膜囊，並且透過以血管與結締組織構成的臍帶，一部分與胚胎相連，一部分則與母體相接，胎兒就能從母體的血液獲取營養與氧氣，也排出廢物。

胎盤不僅可當運輸物質的介面，同時也是一障壁，能攔下某些可能會傷害胚胎的物質。但仍有些物質是胎盤無法攔截的，像是酒精以及抽煙產生的物質；幾種病毒也可以穿過胎盤，如德國麻疹，因此孕婦應在懷孕前接種德國麻疹疫苗及避免抽菸喝酒。此外，胎盤也是一個內分泌器官，可分泌黃體素，對維持懷孕生理很重要，也會分泌泌乳素，增加母體的血糖與血脂，胎兒的營養攝取。

精卵的受精過程及胚胎發育

受精→著床

- 受精卵一邊分裂形成囊胚，一邊滾動朝著子宮前進，約花7～10天在子宮內膜完成著床。
- 囊胚分泌人類絨毛膜促性腺激素，使卵巢中的黃體變成「妊娠黃體」。

著床的囊胚具有：
1. 外圍的滋養層細胞 —發育成→ 胎盤
2. 內部的細胞質塊 —發育成→ 胎兒

著床

- 囊胚於子宮壁附著與植入。
- 妊娠黃體分泌黃體素，使子宮內膜增厚，並穩定厚度。

受精

精子與卵子在輸卵管前2/3處結合成為受精卵。

發育形成

子宮

胎兒

胎盤

- 胎兒從母體的血液獲取營養與氧氣，排出廢物的管道。
- 為攔截有害物質的障壁。
- 為內分泌器官，能分泌黃體素及泌乳素。

臍帶

內含兩條臍動脈與一條臍靜脈，是胎兒與懷孕母體胎盤為一連絡的管道，負責氣體、養分及廢物的運輸。

羊水

來自胚胎血漿及胎兒尿液，約1.5公升，具有緩和外界衝擊保護胎兒功能。生產時可潤滑產道。

懷孕期的身體變化

懷孕又稱為妊娠，從最後一次月經到分娩持續大約40星期（從排卵算起是38週）。期間體內激素會調節維持孕期所需的生理狀態，而孕婦也須留意自身的身體變化，適度休息、控制體重或維持血壓等，以保全孕婦及胎兒的健康。

○ 懷孕的徵兆與身體變化

女性約莫懷孕14天開始，可以感受到身體一些變化，例如月經停止、常有噁心嘔吐的感覺、容易疲倦，此時可經由抽血或驗尿等妊娠測試來檢測自己是否已經懷孕。

此約280天的懷孕期，前三個月稱為「懷孕前期」，因胚胎著床、形成胎盤等劇烈的變化（如外物侵入母體），所以約半數的女性在此時易有孕吐、食慾不佳、疲倦及姿勢性低血壓等妊娠反應，且因此時胚胎尚未穩定，易流產，孕婦應多休息。懷孕第四個月開始，進入「穩定期」可以逐漸感受到胎動，母體體重也開始大幅增加。體內激素也隨著孕期而有所變化，如動情素、黃體素與泌乳素的分泌增加，使乳房增大，乳腺發育；調節體內水分代謝的醛固酮與抗利利激素增加，以致水分易滯留於體內，導致下肢水腫。至懷孕第七個月開始，進入「懷孕後期」，腹部隆起越易顯著，母體內因胎兒的成長而使內部臟器稍許移位，而易覺呼吸不順、腰痠背痛及壓迫膀胱而產生頻尿現象。

在整個懷孕過程中，母體體重增加應控制在13公斤以內，以免循環血量增加過多，產生妊娠高血壓，導致全身血管收縮而影響胎盤功能，嚴重將損害胎兒及母體健康。

○ 懷孕期各種激素的變化與作用

懷孕期間需仰賴激素的調節，來維持必要的生理需求。懷孕前期，發育中的胎盤會大量分泌人類絨毛膜促性腺激素，維持黃體的存在。黃體則持續分泌黃體素、動情素與舒張素，維持並穩定子宮的厚度，直至胎盤發育完成。進入懷孕中期，胎盤幾乎發育完成，開始分泌大量動情素與黃體素，而人類絨毛膜促性腺激素分泌量較為減少，黃體逐漸退化。一直到懷孕後期，黃體才完全退化萎縮，不過此時動情素與黃體素的分泌量會持續升高，以抑制泌乳素刺激泌乳的作用，一直到分娩前，兩者的分泌量才降低，讓泌乳素不再受到抑制，發揮促進乳汁分泌的功能。

懷孕期的身體狀態

	身體變化	激素變化

懷孕前期 0～3個月

胚胎尚未穩定，易有孕吐、食慾不佳、疲倦及姿勢性低血壓等妊娠反應，亦易流產。

❶ 胎盤（發育中）─分泌→ 人類絨毛膜促性腺激素

維持黃體存在。

❷ 黃體 ─分泌→ 黃體素、動情素、舒張素

維持、穩定子宮內膜的厚度，直至胎盤發育完成。

懷孕中期 4～6個月

進入穩定期可以逐漸感受到胎動，母體體重開始大幅增加，使乳房增大，乳腺發育。

胎盤（已成熟）

引起

黃體素、動情素 ── 大量分泌

人類絨毛膜促性腺激素 ── 減少分泌

黃體 ── 逐漸退化

懷孕後期 7～9個月

腹部隆起愈顯著，孕婦易感到呼吸不順、腰痠背痛及頻尿。

黃體素、動情素 ── 持續分泌

抑制

泌乳素刺激泌乳的作用。

黃體素和動情素下降

待分娩前再刺激泌乳作用，提供嬰兒吸吮取得。

孕婦能在激素調節下自然生產

分娩是懷孕過程的結束，胎兒要離開母體子宮的過程，包括陣痛、子宮頸擴張、胎兒娩出及胎盤娩出，從陣痛開始到分娩完成約需耗費8～15小時，過程中體內激素能協助順利產出，也促進生產後的母體產生乳汁。

◉ 激素如何讓孕婦順利分娩

懷孕約38週左右，胎兒在母體內已發育完整，此時由於胎兒頭部下降進入到骨盆腔內，使子宮位置變低，孕婦呼吸較之前順暢，不過陰道開始流出少量黏性且具血絲的分泌物，隨後羊膜破裂，羊水自陰道突然湧出，這些現象就是分娩的前兆。

分娩的過程需要大量前列腺素、動情素與催產素的刺激才能進行。而母體內發育成熟的胎兒，其腎上腺皮質雄性素的分泌會增加，而引起胎盤和母體大量分泌動情素，促發子宮開始收縮，孕婦便開始感到陣痛。子宮內會逐漸增加前列腺素（由子宮分泌）、催產素（由下視丘分泌）與動情素（由卵巢及胎盤分泌）的濃度，減少黃體素（由卵巢及胎盤分泌）分泌，讓子宮壁、子宮頸或陰道的拉扯更加劇烈，並且在正回饋作用下，子宮收縮將持續刺激下視丘分泌更多催產素，以促進子宮更為收縮、子宮頸擴張，而娩出胎兒。隨後，胎盤也會完整娩出，但若未完整娩出，胎盤內含有來自胎兒的代謝廢物就易流進至母體，造成產婦感染而危及性命。

◉ 母體分泌乳汁的機制

在懷孕期間，胎盤就已先分泌泌乳素促進乳房發育，讓懷孕末期時就能有少數乳汁分泌到乳管中的輸乳竇儲存。分娩後，隨著胎盤的排出，動情素與黃體素的濃度會在體內驟減隨之抑制泌乳素分泌的功能也消失，先前由胎盤分泌的泌乳素則大量釋放，以促進乳汁的合成與分泌，在此同時，泌乳素也抑制下視丘分泌性腺釋放激素，抑制卵巢排卵，因此哺乳中的女性不會有月經來潮現象。

隨後，下視丘所分泌的催產素不僅促進乳汁的射出，也能在聽到小孩哭聲、聞到小孩味道或想到小孩，及小孩吸允乳頭時，刺激母體分泌乳汁。這些自母體提供的母乳，尤其最剛開始分泌出的「初乳」，含水分少，富含酪蛋白、乳蛋白、維生素A及大量抗體，能提供新生兒豐富的營養，增強免疫能力，可說是母親給予孩子第一份珍貴的禮物。

激素如何影響分娩與哺乳

陣痛開始

懷孕約三十八週左右，胎兒發育成熟。

促進 →

胎兒的腎上腺增加雄性素的分泌

促進

胎盤和母體大量分泌動情素

引起 →

子宮收縮，產生規律的陣痛。

子宮內

前列腺素
催產素
動情素

增加

減少

黃體素

導致 ↓

子宮壁、子宮頸或陰道劇烈拉扯

刺激 →

下視丘

分泌

催產素

促進

子宮收縮、子宮頸擴張

不斷刺激

子宮持續收縮，讓胎兒娩出。

刺激

孕婦聽到小孩哭聲、聞到小孩味道、想到小孩，以及小孩吸吮乳頭。

刺激 →

胎盤

分泌

泌乳素

下視丘

分泌

催產素

輸乳竇

→ 分泌乳汁

→ 促進乳汁的射出

懷孕期間胎盤會分泌泌乳素，讓乳汁先分泌至輸乳竇儲存。

不孕症的救星——試管嬰兒

　　人類產生後代的生殖方式是男性陰莖進入女性陰道，將精子注入女性陰道內，並在輸卵管前端與卵子結合完成受精作用，此種方式稱為「體內受精」。然而今日除了遺傳、先天過敏等因素外，男女性在生活、環境等多重壓力下，包括食物過於精緻、受有害物質汙染、過量電磁波侵害、不良生活作息、疲勞壓力大等，易導致人體產生不健康的卵子及精子，或性激素分泌混亂、生殖器官病變，而形成不孕。

　　過往醫學對於這些不孕者幫助有限，時至今日情勢已大為扭轉，當精蟲與卵子無法在人體內接觸時，利用「試管嬰兒胚胎植入」是公認的療法。這個技術的研究在一九五〇年代開始，英國科學家羅伯特‧愛德華曾有機會觀察其他科學家在試管中先放入兔類的卵細胞，再加入精液，經由「體外受精」方式讓兔子成功受孕並生出後代，讓他得到了啟發，認為體外受精方式或許可以解決人類不孕的窘境。

　　愛德華經由研究釐清人類卵子如何成熟、不同種類的激素如何催熟卵子、以及卵子適合受精的時間點。他同樣也測定出在何種條件下精蟲具備活力、有能力和卵子結合。並在一九六九年研究成功，人類的卵子首度在試管中完成受精，這是發展試管嬰兒技術最關鍵的步驟。一九七八年七月剖腹產下一名首次利用試管嬰兒技術完成體外受精，並成功誕生健康的胎兒，從此不但開啟醫學新紀元，試管嬰兒技術也成為不孕症夫婦的救星。

　　現在，試管嬰兒技術已發展得相當成熟，女性取卵時利用超音波辨識適合的卵子並透過注射器取出，再也不需要歷經風險高的腹腔鏡手術。單一精蟲現在可以在培養皿中以「顯微注射」的方式，直接注入卵細胞內，這項方法大大改善了男性因精蟲數少而造成不孕的情形。試管嬰兒技術是安全而有效的，利用此技術生下的孩子和一般人一樣健康。目前為止約四百萬人托此技術之福誕生，而羅伯特‧愛德華的理想與遠見已化為現實，造福世界各地的不孕者，並於二〇一〇年獲得諾貝爾生理醫學獎的肯定。

十三劃

國家圖書館出版品預行編目資料

圖解生理學/柯雅惠著. -- 修訂一版. -- 臺北市：易博士文化，
城邦文化事業股份有限公司出版：英屬蓋曼群島商家庭傳
媒股份有限公司城邦分公司發行, 2022.03
　　面；　公分. -- (Knowledge BASE系列)
ISBN 978-986-480-219-7(平裝)
1.CST: 人體生理學
397　　　　　　　　　　　　　　　　　111003296

Knowledge base 108

【圖解】生理學更新版

作　　　　者／柯雅惠
企 畫 提 案／蕭麗媛、孫旻璇
企 畫 執 行／孫旻璇
企 畫 監 製／蕭麗媛

編　　　　輯／孫旻璇、林荃瑋
業 務 經 理／羅越華
總　編　　輯／蕭麗媛
美 術 總 監／陳栩椿
發　行　　人／何飛鵬
出　　　　版／易博士文化
　　　　　　　城邦文化事業股份有限公司
　　　　　　　台北市中山區民生東路二段141號8樓
　　　　　　　電話：(02) 2500-7008　　傳真：(02) 2502-7676
　　　　　　　E-mail：ct_easybooks@hmg.com.tw
發　　　　行／英屬蓋曼群島商家庭傳媒股份有限公司城邦分公司
　　　　　　　台北市中山區民生東路二段141號11樓
　　　　　　　書虫客服務專線：(02) 2500-7718、2500-7719
　　　　　　　服務時間：週一至週五上午09:30-12:00；下午13:30-17:00
　　　　　　　24小時傳真服務：(02) 2500-1990、2500-1991
　　　　　　　讀者服務信箱：service@readingclub.com.tw
　　　　　　　劃撥帳號：19863813
　　　　　　　戶名：書虫股份有限公司
香 港 發 行 所／城邦（香港）出版集團有限公司
　　　　　　　香港灣仔駱克道193號東超商業中心1樓
　　　　　　　電話：(852) 2508-6231　　傳真：(852) 2578-9337
　　　　　　　E-mail：hkcite@biznetvigator.com
馬 新 發 行 所／城邦（馬新）出版集團【Cite (M) Sdn. Bhd.】
　　　　　　　41, Jalan Radin Anum,Bandar Baru Sri Petaling,57000 Kuala Lumpur,Malaysia
　　　　　　　電話：(603) 9057-8822 傳真：(603) 9057-6622
　　　　　　　E-mail：cite@cite.com.my

內 頁 插 畫／游峻軒、小瓶仔
封 面 構 成／陳姿秀
封 面 插 圖／Shutterstock；Macrovector/Storyset-Freepic.com
製 版 印 刷／卡樂彩色製版印刷有限公司

■2013年11月14日初版
■2022年3月24日修訂一版

ISBN 978-986-480-219-7
定價320元　　HK$ 107

城邦讀書花園
www.cite.com.tw